Gökhan Gürbüz

GNSS Meteorolojisi

Gökhan Gürbüz

GNSS Meteorolojisi

Troposferik Sinyal Gecikmesi ve Su Buharı

Türkiye Alim Kitapları

Impressum / Künye
Bibliografische Information der Deutschen Nationalbibliothek: Die Deutsche Nationalbibliothek verzeichnet diese Publikation in der Deutschen Nationalbibliografie; detaillierte bibliografische Daten sind im Internet über http://dnb.d-nb.de abrufbar.

Deutsche Nationalbibliothek tarafından yayınlanan bibliyografik bilgiler: Deutsche Nationalbibliothek, bu yayını Deutsche Nationalbibliografie'de listeler; detaylı bibliyografik bilgi İnternet'te http://dnb.d-nb.de sitesinde mevcuttur.

Coverbild / Kitap kapağı resmi: www.ingimage.com

Verlag / Yayıncı:
Türkiye Alim Kitapları
ist ein Imprint der / yayınevinin bir ticari markasıdır
OmniScriptum GmbH & Co. KG
Bahnhofstraße 28, 66111 Saarbrücken, Deutschland / Almanya
Email / E-posta: info@turkiye-alim-kitaplary.com

Herstellung: siehe letzte Seite /
Basım yeri: son sayfaya bakın
ISBN: 978-3-639-67303-6

Zugl. / Approved by: Zonguldak, Bülent Ecevit Üniversitesi, Yüksek Lisans Tezi, 2015

İÇİNDEKİLER

ÖNSÖZ

Çağımızın en büyük olaylarından biri olarak nitelendirilen insanoğlunun Ay'a ayak basması teknolojik anlamda tüm disiplinlerde olduğu gibi Jeodezi alanında da çok büyük gelişmeleri beraberinde getirmiştir. Uzay teknolojisinin günlük yaşamda kullanılmasına alıştığımız şu günlerde çoğu jeodezik yöntem, kaynağından çıkmasının ardından Dünya atmosferinden geçtikten sonra hedefine ulaşarak yolculuğunu tamamlayan radyo sinyallerini kullanmaktadır.

Atmosferdeki yolculukları sırasında radyo dalgalarının hız ve yönlerini, hem elektriksel olarak yüklü iyonosfer katmanı hem de elektriksel olarak nötr troposfer katmanı etkilemektedir. İyonosferin GNSS (Global Navigation Satellite Systems) sinyalleri üzerinde, serbest haldeki yüklü parçacıklardan dolayı saçıcı etkisi vardır ve bu nedenle iyonosferik refraksiyon frekansa bağımlıdır. Fakat çift frekans kullanımı ile oluşturulan iyonosferden bağımsız kombinasyon aracılığı ile iyonosferik refraksiyon neredeyse tamamen giderilmektedir. Diğer yandan yüksüz atmosferin saçıcı olmayan davranışından dolayı troposferik etki giderilemez fakat modellenebilir. Bu modeller kullanılarak bu etkilere sebep olan troposferik zenit gecikmeleri hesaplanır. Bu elde edilen zenit gecikmeleri kullanılarak meteorolojik uygulamalarda, radyosonda ile hesaplanan yoğuşabilir (yağışa dönüşebilir) su buharı miktarı, GNSS gözlemleri kullanılarakta çok yüksek zamansal çözünürlüğe sahip olacak şekilde hesaplanabilmektedir. Eser bünyesinde anlatılan metot ve analizler 1990'lardan beri özellikle ABD ve Avrupa'da kullanılmakta fakat Türkiye'de henüz yaygınlaşmamıştır.

Zamansal çözünürlük açısından çok daha güçlü olan GNSS gözlemleri ile elde edilen yoğuşabilir su buharı miktarları, özellikle yoğun yağışlı ve/veya radyosonda balonunun fırlatılamadığı anlarda kullanışlı olduğunu bir kez daha göstermektedir. Bülent Ecevit Üniversitesi, Geomatik Mühendisliği Bölümü bünyesinde 2013 yılından beri bu parametre kestirimleri sürekli yapılmakta ve yerli / yabancı organizasyonlarda sistemin önemi belirtilmektedir.

Arş. Gör. Gökhan GÜRBÜZ

Bülent Ecevit Üniversitesi

Geomatik Mühendisliği Bölümü

BÖLÜM 1

TROPOSFER ve SU BUHARI

Troposferdeki refraksiyon oranı sıcaklık, basınç ve su içeriğine bağlı olarak değişim göstermekteyken (Thayer 1974), troposferdeki su, çoğunlukla troposferin 7–10 km yüksekliğine kadar ulaşan katmanında bulunmaktadır (Miidla 2009).

Troposferik yol gecikmesi; uydu-alıcı arasındaki troposferde, hızları ve yörünge eğrilikleri değişerek hareket eden mikrodalgaların yolu (optik yol) ile uydu-alıcı geometrik yolu (kiriş) arasındaki fark olarak tanımlanır (Şekil 1.1).

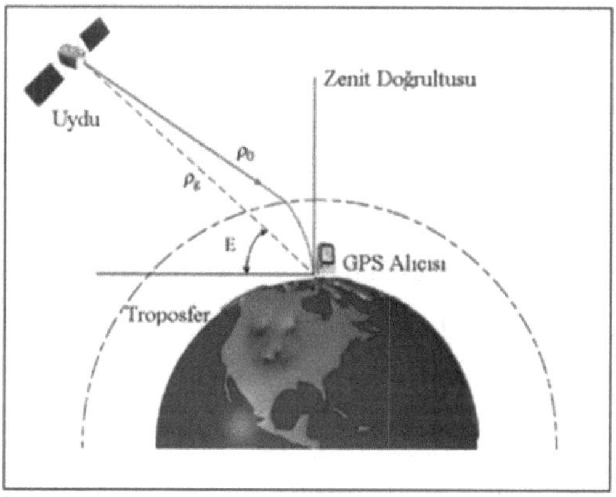

Şekil 1.1 Atmosferde GNSS sinyalinin yayılışı (URL-1 2014).

Troposferik toplam zenit gecikmesi (Şekil 1.2), yüzey basıncının fonksiyonu olarak hidrostatik kısım ve sıcaklık ile su buharı dağılımına bağlı olan hidrostatik olmayan (ıslak) kısımdan oluşur. Hidrostatik kısmın modellenmesi, hidrostatik olmayan (ıslak) kısma göre daha kolaydır. Modelleme hava basıncına ve troposferin üst sınırı ile yerdeki alıcı arasında kalan havanın yoğunluğuna bağlıdır. Fakat ıslak kısmın modellenmesi birçok farklı faktöre bağlı olduğu için çok daha zordur (Beutler vd. 1987). Hidrostatik olmayan (ıslak) gecikmenin giderilebilmesi için anahtar konumda olan su buharı dağılımının belirlenebilmesi ve modellenebilmesi, yatay ve düşey düzlemde değişim gösterirken aynı zamanda lineer veya homojen olmayan su buharı dağılımından dolayı aşırı derecede zordur (Schüler 1999, Teunissen vd. 1998).

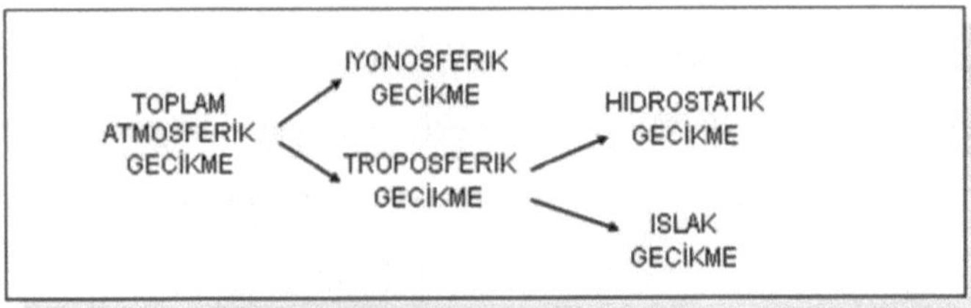

Şekil 1.2 Atmosferik gecikmenin bileşenleri

Troposferik gecikmenin %90'lık bir kısmına troposferin hidrostatik kısmı sebep olmaktadır. Deniz seviyesinde, zenit doğrultusundaki toplam troposferik gecikme 2,4 m civarındadır. Troposferik gecikme eğer modellenmezse 5° yükseklik (eğim) açısında yapılan gözlemlerde yaklaşık 25 m'ye ulaşır. Hidrostatik gecikmenin toplam gecikmeden çıkartılmasıyla, yağışa dönüşebilir su buharı miktarına orantılı olan hidrostatik olmayan (ıslak) gecikme bulunmaktadır (Davis vd. 1985). Atmosferik kolonun ağırlıklı ortalama sıcaklığının zayıf bir fonksiyonu olan boyutsuz orantı sabiti (Askne ve Nordius 1987, Elgered vd. 1991) lineer bir bağ ile yüzey sıcaklığı ile ilişkilendirilebilir (Bevis vd. 1992).

Uydu ile alıcı arasında seyahat eden sinyalin yükseklik (eğim) açısı 15° 'nin altında olduğu durumlarda troposferik gecikme çok büyük boyutlara ulaşmakta ve modellemesi daha da zorlaşmaktadır. Bu yüzden GNSS ölçmeleri yapanlardan troposferden ve sinyal yolu eğrilinden fazla etkilenmemeleri için gözlemlerini, yükseklik (eğim) açısı 15°'nin altına inen uydulara yapmamaları önerilmektedir (Mekik, 1993). Optik yolun eğriliği ihmal edilirse, troposferik yol gecikmesi (1.1) eşitliği ile tanımlanmaktadır.

$$\Delta^{optik} - \Delta^{geometrik} = \Delta^{PD} = \int [n(s) - 1] ds \qquad (1.1)$$

Burada; n, kırılma indisi, ds, yol elemanıdır. $N=10^6(n-1)$ Kırıcılık olarak alınırsa (1.2) eşitliği ile bulunmaktadır.

$$\Delta^{PD} = 10^{-6}\int Nds \qquad (1.2)$$

Nötr atmosfer (troposfer) kaynaklı gecikme, çok uzun bazlı interferometri, GPS (Global Positioning System) tomografisi, uydu altimetresi, küresel konumlama sistemleri gibi birçok uzay tabanlı elektromanyetik ölçüm tekniğinde en büyük modelleme hatası olarak kabul edilebilir (Tesmer vd. 2007).

Çok uzun bazlı interferometrinin (VLBI) temeli, samanyolu dışarısında bulunan kuazar gibi yıldızsı gökcisimlerinden yayılan radyo dalgalarının yeryüzünde bulunan iki farklı anten tarafından yakalanmasıyla bu iki anten arasındaki mesafenin hesaplanmasına ve interferometrik faz gecikmesindeki oran değişiminin ölçülmesine dayanmaktadır (Mendes 1999).

Toplam troposferik gecikmenin belirlenmesinde ve dolayısı ile yoğuşabilir su buharı miktarının belirlenmesinde kullanılan VLBI yönteminin doğruluk seviyesinin yüksek olduğu bilinmektedir. (Elgered, vd. 1997; Rocken, vd. 1993; Duan, vd. 1996; Emardson, vd. 1998; Tregoning, vd. 1998; Behrend, vd. 2000). (VLBI konusunda daha detaylı bilgi için bkz. Boehm ve Schuh (2004), Niell (2000), Pacione vd. (2002), Jin vd. (2009), Nafisi vd. (2012))

Toplam yoğuşabilir su buharı miktarı ile birlikte tüm profillerin elde edilmesi ve düşey tabaka bilgileri, meteorolojik modellerin ve hava tahmin araçlarının geliştirilmesinde daha büyük yarar sağlarlar. Sürekli GNSS (Global Navigation Satellite Systems) istasyonlarındaki gözlemlerden, yüksek çözünürlüklü mekânsal ve zamansal üç boyutlu su buharı alanının belirlenmesi tekniği "GPS Tomografisi" olarak adlandırılır. Bu konuda ilk teorik ve pratik çalışmalar Jet İtki Laboratuvarında

(Jet Propulsion Laboratory-JPL) Yunck vd. (1988) tarafından yapılmıştır (Troller 2004). Bundan sonra, değişik yaklaşımlarla çok sayıda çalışma gerçekleştirilmiştir. Örnek olarak Flores vd. (2000a), Flores vd. (2000b), Hirahara (2000), Foelsche ve Kirchengast (2001), Gradinarsky ve Jarlemark (2002), Braun ve Rocken (2003), Gradinarsky ve Jarlemark (2004), Champollion vd. (2005), Nicholson vd. (2005), Xie vd. (2005), Bender ve Raabe (2007), Miidla vd. (2008), Reverdy vd. (2008) kaynakları incelenebilir.

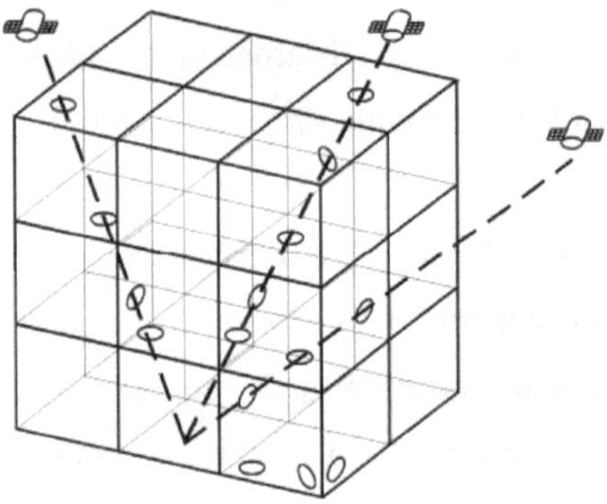

Şekil 1.3 "Voxel" oluşan gözlem bölgesi (Miidla vd. 2008).

GPS Tomografisinde, alıcı-uydu doğrultusundaki eğik troposferik gecikme değerleri kullanılarak, "voxel" olarak tanımlanan hacimlerde (Şekil 1.3) su buharı miktarının kestirimi yapılır. Bu alandaki gelişmeler su buharı içeriğini modellemeye ve bunun su havzalarına yüksek çözünürlüklü katkılarını modellemeye yardım edecektir (Lutz 2008).

Uydu altimetresinin temel amacı deniz tabanı topografyasının (Şekil 1.4) belirlenmesi ve okyanus akıntıları üzerinde çalışılmasıdır. Bu bir uydunun üzerindeki altimetreden gönderilen elektromanyetik pulse (atış) yüzeyden yansımasının ardından uyduya geri dönmesine kadar geçen süreden yararlanılarak mesafeler elde edilmektedir. Bu gönderilen ve geri dönüşü sırasında yakalanan elektromanyetik pulse (atış) gidiş ve geliş süreleri boyunca troposferik gecikmeden etkilenir ve modellenmesi gerekmektedir. Uydu altimetresi konusunda daha detaylı bilgi için Yunck ve Hajj (2005), Fernandes vd. (2010), Fernandes vd. (2013) kaynakları incelenebilir.

Kıyısal bölgelerde uygulanacak uydu altimetresi yönteminde ıslak troposferik düzeltmenin hesaplanabilmesi için şu adımlar uygulanır;

a) Kıyı şeridindeki istasyonların toplam troposferik gecikmenin yüksek doğrulukla belirlenmesi.
b) Toplam troposferik gecikmeyi oluşturan hidrostatik ve ıslak bileşen değerlerinin birbirinden ayrıştırılması.
c) Son olarak elde edilen ıslak ve kuru bileşen değerlerinin deniz seviyesine indirgenmesi olarak sıralanabilir (Fernandes, vd. 2013).

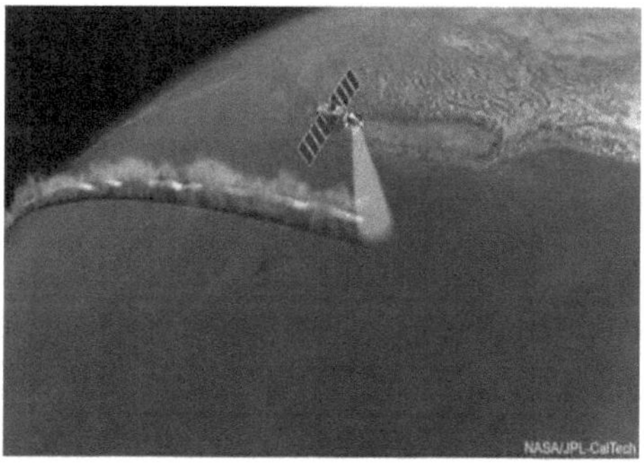

Şekil 1.4 Uydu altimetresinin uygulanış görüntüsü (URL-1 2014).

GPS, GLONASS, Galileo ve BeiDou gibi sistemlerin tamamına GNSS yani küresel konumlama sistemleri denilmektedir. Küresel konumlama sistemlerinde farklı tür sinyal kullanılmasına rağmen uydu tabanlı küresel konumlama sistemleri kullanılarak yapılan ölçümler de atmosferden etkilenmektedir. Son yıllarda analiz merkezlerinde GNSS ile troposferik gecikmelerin belirlenmesi rutin bir işlem haline gelmiştir (bkz. Bruyninx 2004, Byun ve Bar-Sever 2009). Küresel konumlama sistemlerinin troposfer ile ilişkisine ikinci bölümde detaylı bir şekilde değinilmiştir.

Troposferik gecikmeyi etkileyen su buharı miktarı, hava olaylarının şiddetinin ve ciddiyetinin belirlenmesinde de önemli rol oynar (Choy vd. 2011). Su buharı, yeryuvarının su çevriminde yer alır (Şekil 1.5). Su buharı yoğunlaşır, yağmur veya kar biçimini alır, tekrar incelerek ve buharlaşarak başlangıç haline döner. Bu değişimleriyle su buharı atmosferdeki süreçlerde temel etken rolü oynar. Su buharı, atmosferde birçok kimyasal sürece neden olur ve süreçleri etkiler. Su buharı önemli bir sera gazıdır ve ozon tabakasının oluşmasında etkendir (Sierk 2001, Troller, vd. 2006, Lutz 2008). Mockler (1995), atmosferik su buharının iklim sistemi için önemli olduğunu ve su döngüsünü anlayabilmek için anahtar niteliği taşıdığını belirtmiştir. Su buharının dağılımı; atmosferin düşey kararlılığını ve atmosferdeki fırtınaları belirler (Bevis 1992). Bundan başka, su buharı ısınma ısısının taşıyıcısıdır (Sierk 2001) ve atmosferdeki enerjinin taşınmasında, küresel enerji dengesinde önemli bir bileşendir. Bu nedenlerle, kısa ve uzun süreçli iklim araştırmalarında ve meteorolojik hava tahminleri için su buharı temel parametredir (Troller 2004). Atmosferdeki su buharının zaman serileri ve onun konuma bağlı dağılımı, atmosferik süreçlerin ve birçok iklim olayının araştırılması için temel veridir (Lutz 2008). Konum ve zamanda hızlı değişim göstermesi nedeniyle, troposferik su buharı dağılımını çözmek güçtür. Bu nedenle, troposferik su buharının izlenmesi yöntemlerinin geliştirilmesi, yoğuşmanın daha doğru ve önceden kestirilmesini ve küresel iklimin daha iyi anlaşılmasını sağlayacaktır.

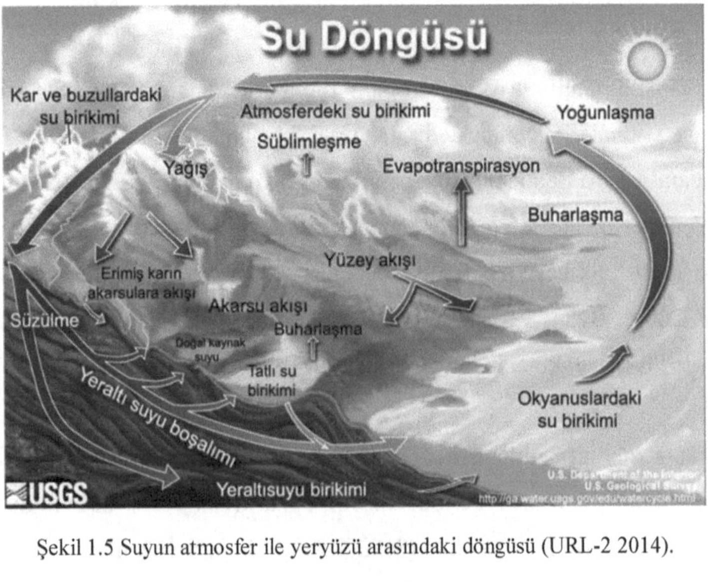

Şekil 1.5 Suyun atmosfer ile yeryüzü arasındaki döngüsü (URL-2 2014).

Su buharı gradyentlerinden su buharı profilleri çıkarılır. Bu teknikler pahalı teknikler olduğundan dolayı istasyon sayıları sınırlıdır (Liou vd. 2001). Troposferik su buharı miktarının, kısa ve uzun süreçte, düşük maliyetle, doğru ve sürekli olarak GNSS istasyonlarındaki verilerle elde edilebileceği gerçeği, sürekli GNSS ağlarından yararlanarak iklim ve meteorolojik araştırmaları güncelleştirmiştir (Jin and Luo 2009a).

BÖLÜM 2

TROPOSFERİK GECİKME ve HESAPLANMASI

Troposfer, kuru hava ve su buharı olmak üzere, iki ideal gaz karışımından oluşmaktadır. Kuru hava, atmosferdeki gaz yoğunluğuna, gaz dağılımındaki değişimlere bağlı olup, toplam atmosferik gecikmenin %90'ına neden olur.

Ölçü noktasında ölçülen basınç, sıcaklık ve nem ile zenit doğrultusunda %2 hata ile modellenebilmektedir. Alıcı ile uydu arasındaki, sinyal yolu boyunca, mevcut su buharı bileşeninin modellenmesi, su buharının yere ve zamana göre hızla değişim göstermesi nedeniyle çok daha zordur. Su buharı bileşeni nedeniyle, gecikme orta enlemlerde, 5–30 cm olup, 2–5 cm duyarlıkla belirlenebilmektedir.

Troposferik gecikmeyi kestirmek amacıyla pek çok standart troposfer model (tropospheric mapping functions) kullanılabilir (Hopfiled, Saastamoinen, Black, Niell vb.). Troposferik modellerin kullanılmasıyla elde edilen troposferik gecikme değerleri, düzeltme olarak getirilmektedir. Burada amaçlanan, üretilen ve veri işlemede kullanılan modellerin gerçekçi gecikme değerleri üretebilmesidir. Ancak, uygulamada bu durum her zaman geçerli olamayabilir. Bu konudaki temel sorun troposferin ya da bütün olarak atmosferin doğasının tam olarak anlaşılamamış olmasıdır.

Uydu ile alıcı arasında iletilen sinyalin yükseklik (eğim) açısı 15°'nin altında olduğu durumlarda troposferik gecikme çok büyük boyutlara ulaşmakta ve modellemesi daha da zorlaşmaktadır. Troposferik gecikmenin zenitteki değeri (uydunun yükseklik açısındaki değerine eşlenmemiş durumu, kısaca sinyalin başucu doğrultusundaki gecikme değeri) 2,2 m civarında olurken yatayda yani yükseklik açısının 0°'ye yakın olduğu durumlarda 25-85 m arasında değişebilmektedir. Bu yüzden GNSS ölçmeleri yapanlardan troposferden ve sinyal yolu eğrilinden fazla etkilenmemeleri için gözlemlerini yükseklik (eğim) açısı 15°'nin altına inen uydulara yapmamaları önerilir

(Mekik 1999). Troposferik yol gecikmesi; uydu-alıcı arasındaki troposferde, hızları ve yörünge eğrilikleri değişerek hareket eden mikrodalgaların yolu (optik yol) ile uydu-alıcı geometrik yolu (kiriş) arasındaki fark olarak tanımlanır. Optik yolun eğriliği ihmal edilirse, troposferik yol gecikmesi (2.1) eşitliği ile tanımlanır.

$$\Delta^{optik} - \Delta^{geometrik} = \Delta^{PD} = \int [n(s) - 1] ds \tag{2.1}$$

Burada; n, kırılma indisi, ds, yol elemanıdır. $N = 10^6 (n-1)$ kırıcılık olarak alınırsa (2.2) eşitliği ile bulunur.

$$\Delta^{PD} = 10^{-6} \int N ds \tag{2.2}$$

Mikrodalgalar için kırılma indisi, Essen ve Froome tarafından (2.3) eşitliğinde görüldüğü gibi deneysel olarak geliştirilmiştir.

$$N = (n-1)10^6 = k_1 \frac{p_d}{T} z_d^{-1} + k_2 \frac{e}{T} z_w^{-1} + k_3 \frac{e}{T^2} z_w^{-1} \tag{2.3}$$

Bu denklemde;

- p_d = kuru gazların kısmi basıncı,
- p = atmosferik basınç,
- T = sıcaklık,
- e = su buharı basıncı,
- k_1,k_2,k_3 = katsayılar,
- z_d = kuru havanın sıkıştırılabilirliği,
- z_w = ıslak havanın sıkıştırılabilirliği alınır.

Günümüzde, en yüksek doğruluğa sahip katsayılar, Thayer (1974) tarafından yayınlanmıştır (Çizelge 2.1).

Çizelge 2.1 Mikrodalga kırılma indisi katsayıları (Thayer 1974).

	$k_1[K/hPa]$	$k_2[K/hPa]$	$k_3[K^2/hPa]$
Değeri	77.60	64.8	$3.776.10^5$
Standart sapması	± 0.014	± 0.08	$\pm$ $0.004.10^5$

Atmosferdeki gazların ideal gaz olduğu varsayımı ile $z_d^{-1} = z_w^{-1}$ alınırsa, Eşitlik (2.3);

$$N = 77.60\frac{p-e}{T} + 64.8\frac{e}{T}\left(1+\frac{5827}{T}\right) \quad (2.4)$$

olur. Bu eşitlik; "kuru bileşen" (2.5) eşitliğindeki gibi ve "ıslak bileşen" (2.6) eşitliğinde ki gibi düzenlenirse;

$$N_{kuru} = k_1\frac{p-e}{T} = 77.60\frac{p-e}{T} \quad (2.5)$$

$$N_{ıslak} = k_2\frac{e}{T} + k_3\frac{e}{T^2} = 64.6\frac{e}{T}\left(1+\frac{5827}{T}\right) \quad (2.6)$$

bulunur. Böylece troposferik yol gecikmesi (2.7) eşitliğindeki gibi bulunur.

$$\Delta^{PD} = 10^{-6}\int_W N_{kuru}ds + 10^{-6}\int_W N_{ıslak}ds \quad (2.7)$$

Eşitlik (2.3), Davis vd. (1985) tarafından (2.8) eşitliğindeki gibi düzenlenmiştir.

$$N = k_1\frac{R}{M_d}\rho + k_2'\frac{e}{T} + k_3\frac{e}{T^2} \quad (2.8)$$

Burada;

- R=8,3145 $Jmol^{-1}K^{-1}$ evrensel gaz sabiti,
- M_d =28,9644 kg $kmol^{-1}$ kuru havanın molar kütlesi,
- ρ =havanın yoğunluğu,
- k_2' = 17 [$KhPa^{-1}$] katsayısı alınır.

Eşitlik 2.7'nin ilk terimi "hidrostatik bileşen" olarak tanımlanır. Eşitliğin diğer terimleri "ıslak bileşen" (veya "hidrostatik olmayan bileşen") olarak tanımlanmaktadır (Mendes vd. 1994; Mendes vd. 2002b; Mendes vd. 1998; Mendes vd. 2002c; Troller 2004).

Islak bileşeni, dolayısıyla toplam troposferik gecikmeyi, belirlemeye yönelik bir kaç yöntem vardır. Bunlardan en yaygınları, yüzey modelleri (örneğin, Saastamoinen ve Hopfield modelleri), radyosonda profilleri, su buharı radyometresi (SBR) ve troposferik parametre kestirimi (standart atmosfer modeli) şeklinde sıralanabilir (Mekik 1993, Mekik 1999).

2.1. YÜZEY MODELLERİ ve İZDÜŞÜM FONKSİYONLARI

2.1.1. Yüzey Modelleri

Geliştirilmiş troposferik yüzey modelleri, en çok orta ve uzun menzilli GNSS baz gözlemleri için önemlidir (Özlüdemir 2004). Kısa mesafeli bazlar için aşağıda bahsi geçecek tüm yüzey modelleri aynı sonuçları vermektedir. Yüzey modellerinin değerlendirilmesi sonucu en önemli gelişmenin, düşük yükseklik (eğim) açılı gözlemlerin de uydu jeodezisi hesaplamalarına dahil edilebilmesine izin vermesi olarak görülmektedir. Düşük yükseklik (eğim) açılı gözlemlerin kullanılması, zenit (başucu) yönündeki troposferik gecikme düzeltmeleri ve istasyon yükseklikleri arasındaki kestirimlerin korelasyonlarını düşürürken aynı zamanda baz hatlarının tekrarlanabilirliğini arttırır (Özlüdemir 2004). Bu sebeplerden dolayı, yüzey modelleri yüksek doğruluğa sahip jeodezik çalışmalar için çok önemlidir.

Eşitlik 2.1'e göre yol gecikmesinin hesabı için mikrodalgaların troposferde kat ettiği yol boyunca integral alınması gerekir. Örneğin; radyosonda gözlemleriyle, istasyon üzerinde farklı yüksekliklerde meteorolojik gözlemler yapılırsa, integral hesaplanabilir. Ancak, GNSS gibi sistemlerde, sadece istasyonda meteorolojik gözlemler vardır. Optik yol boyunca integralin hesabı için modeller (öncül modeller) geliştirilmiştir. Bu konudaki ilk çalışmalar Hopfield (1969) tarafından yapılmış ve Hopfield modeli (1971) geliştirilmiştir (Troller 2004).

2.1.1.1. Hopfield Modeli

Bu model, yüzey ile yaklaşık 40 km yüksekliğe kadar tek katmandan oluşan çoklu tropik atmosfer modeline dayanır; hidrostatik ve ıslak kırınım bileşenleri tanımlarını kullanır (Hopfield 1971). Model ile ilgili formüller (2.9) ve (2.10) eşitliğindeki gibidir:

$$\mathrm{N_h}(h) = \mathrm{N_{h,0}}\left(1 - \frac{\mathrm{h}}{\mathrm{h_h}}\right)^4 \qquad \mathrm{h} \leq \mathrm{h_h} = 43\mathrm{km} \tag{2.9}$$

$$\mathrm{N_w}(h) = \mathrm{N_{w,0}}\left(1 - \frac{\mathrm{h}}{\mathrm{h_w}}\right)^4 \qquad \mathrm{h} \leq \mathrm{h_w} = 12\mathrm{km} \tag{2.10}$$

Bu formülde $N_{h,0}$ ve $N_{w,0}$ yüzeydeki hidrostatik ve ıslak kırınım parametrelerini tanımlarken, h kullanıcının referans elipsoidinden olan yüksekliğini simgeler. h_w, h_h parametreleri, yüzeydeki kırınımlar $N_{h,0}$ ve $N_{w,0}$ değerlerinin ölçüldüğü yüzey seviyesinden itibaren ıslak ve hidrostatik ölçek yüksekliklerini simgeler. Örnek olarak, Janes vd. (1991) bu parametreleri metre cinsinden (2.11) eşitliğindeki gibidir.

$$h_h = 40136 + 148{,}72(T_0 - 273{,}16) \qquad h_w = 11000 \tag{2.11}$$

Burada T_0, ölçüm bölgesindeki Kelvin cinsinden sıcaklığı simgeler. Bu hidrostatik ve ıslak ölçek yükseklikleri, bir yıl boyunca batı yarımkürede 14 farklı istasyondan yapılan radyosonda gözlemleri sonucunda elde edilen verileri kullanılarak elde edilmiştir. Troposferik zenit (başucu) gecikmesi, yukarıda verilen formüllerden yararlanılarak (2.12) eşitliğindeki formül ile elde edilir.

$$d^z_{trop} = 10^{-6}\int_0^{h_h} N_{h,0}\left(1-\frac{h}{h_h}\right)^4 dh + 10^{-6}\int_0^{h_w} N_{w,0}\left(1-\frac{h}{h_w}\right)^4 dh = \frac{10^{-6}}{5}\left[N_{h,0}h_h + N_{w,0}h_w\right] d^z_{trop} = d_h + d_w \quad (2.12)$$

Formülde kullanılan d_h ve d_w hidrostatik ve ıslak gecikmeyi simgeler. Hopfield tarafından tanımlanan yüzey modeli formülü ise (2.13) eşitliğindeki gibidir.

$$m_h(\varepsilon) = \frac{1}{\sin\sqrt{\varepsilon^2+6{,}25}} \qquad m_w(\varepsilon) = \frac{1}{\sin\sqrt{\varepsilon^2+2{,}25}} \quad (2.13)$$

2.1.1.2. Saastamoinen Modeli

Bu model hidrostatik bileşen tanımlarını kullanır (Saastamoinen 1972). Saastamoinen modeli, hidrostatik basıncın modellenmesi için troposfer (0-10km) içerisinde sabit sapma oranı modeli, tropopoz (10km) üzerinde ise izotermal (eş ısı) model kullanır. Sıcaklığın düşeye bağlı derecesi (2.14) eşitliğindeki gibidir.

$$T=T_0+\beta(r-r_0) \quad (2.14)$$

Sonucunda oluşan basınç profili ise (2.15) eşitliğindeki gibidir.

$$P=P_0(T/T_0)^{-Mg/R\beta} \quad (2.15)$$

Formülde kullanılan β sıcaklık sapma oranı, r dünyanın merkezinden yarıçap uzunluğu ($r = R_e+h$, R_r dünyanın yarıçapı) ve r_0 gözlem yapılan bölgenin yarıçapı (genellikle $r_0 = R_e$), T_0 bölgedeki sıcaklık, P_0 yüzeydeki basınç, M havanın molar kütlesi, *g* yerçekimi ivmesi, *R* evrensel gaz sabitini simgeler. Buna karşılık gelen kuru kırınım (2.16) eşitliğindeki gibidir.

$$n-1=(n_0-1)(T/T_0)^{\mu} \qquad \mu=(-M_g/R\beta)-1 \qquad (2.16)$$

Basınç tropopoz üzerinde bulunduğu seviyeden hızlıca düşer.

$$P = P_T \exp\left[\frac{-gM}{RT_T}(h-h_T)\right] \qquad (2.17)$$

(2.17) eşitliğinde kullanılan alt-indis *T* tropopoz üzerindeki değerleri simgeler (Spilker 1996b). Islak kırınım, su buharı e_0'ın kısmi basıncına bağlı olarak değişir. Saastamoinen, troposferik gecikme için hem standart model hem de hassas model tanımlamıştır. Troposferik gecikme için tanımlanan standart model (2.18) eşitliğindeki gibidir.

$$\Delta_{saas}^{PD} = \frac{0.002277}{\cos z}\left[p + \left(\frac{1255}{T} + 0.05\right)e - B\tan^2 z\right] + \delta R \qquad (2.18)$$

Formülde kullanılan *P*, *e* milibar, *T* Kelvin. *Z* görünen zenit (başucu) açısını simgeler. Eşitlikteki B katsayısı, alıcının deniz seviyesinden olan yüksekliğine bağlı olarak ampirik belirlenmiş katsayılardır ve çizelgeler biçiminde düzenlenmiştir. Eşitlikteki δR, alıcının deniz seviyesinden olan yüksekliği ve zenit açısına bağlı olarak çizelgeler biçiminde verilmektedir (Troller 2004).

$$\Delta_{kuru}^{PD} = \frac{0.002277}{\cos z}\left(p - 0.155471e - B\tan^2 z\right) + \delta R \qquad (2.19)$$

$$\Delta_{ıslak}^{PD} = \frac{0.002277}{\cos z}\left(\frac{1255}{T} + 0.20547\right)e \qquad (2.20)$$

GNSS verilerinin değerlendirilmesinde, meteorolojik gözlemlerin olmadığı durumlarda, bir standart atmosferik parametreler ile (2.19) ve (2.20) eşitliğindeki Saastamoinen modeli kullanılabilir. Bunun için, istasyon yüksekliği h=0 m, p=1013,25 hPa, T=291,16 K°, %50 nemlilik standartları kullanılır (Troller 2004, Lutz 2009).

Saastamoinen modelinin sonuçları, eğer atmosfer hidrostatik dengede ise ve yerçekimi yükseklikten bağımsız ise nemli havanın kırınımındaki $P\ /\ T$ terimi, yüzeydeki toplam basınçla doğru orantılı olan zenit yönündeki yoğunluğun integrali kadar azalır. Aynı zamanda Saastamoinen, yerçekiminin etkin değerinin, basıncı elipsoit üzerindeki gözlem bölgesinin sadece enlem ve yüksekliğine bağlı gecikmeye çevirmek için kullanılan bir ifade tanımlamıştır. Saastamoinen 10°'den daha büyük yükseklik (eğim) açıları ile çalıştığından dolayı 10°'den küçük yükseklik (eğim) açılı gözlemler için zenit gecikmesi $1/sin(\varepsilon)$ olmalıdır (Özlüdemir 2004).

Hopfield ve Saastamoinen modelleri, ışın hesabı sonuçları ile birlikte kuru gazların zenit etkileri konusunda santimetre-altı seviyede benzer sonuçlar üretir. Hopfield modeli ışın hesabının belirttiğinden farklı olarak hidrostatik zenit gecikmesinde küçük farklılık gösterir, düşük yükseklikteki gecikmeyi yok sayarken yüksek enlemlerdeki gecikmeyi gereğinden fazla gösterir. Belki de bu Hopfield formüllerindeki su buharı içeriğinin (nemli havanın molar kütlesi) ve yükseklik ölçeği kurulurken kullanılan ölçüm bölgesinin orta seviyeli enlem yoğunluklarının dolaylı yoldan etkisidir. Molar kütle 28,9644 kg/kmol (kuru hava) ile 18,9644 kg/kmol (su buharı) arasında buhar yoğunluğuna bağlı olarak değişiklik göstermektedir (Saastamoinen 1972).

2.1.2. İzdüşüm Fonksiyonları

Troposferik gecikme; zenit doğrultusundaki gecikme ve bunun gözlenen eğik doğrultulara izdüşümü olarak düşünülürse, bu iki değerin oranı "izdüşüm fonksiyonu" (MF) olarak adlandırılır. Başka bir ifade ile, farklı uydu yüksekliklerindeki eğik gecikmeler zenit doğrultusundaki gecikmeye izdüşüm fonksiyonu ile dönüştürülür. İzdüşüm fonksiyonu da kuru bileşenin izdüşüm fonksiyonu ve ıslak bileşenin izdüşüm fonksiyonu olarak planlanırsa (2.21) eşitliği yazılabilir.

$$\Delta^{PD} = \Delta^{PD}_{kuru} + \Delta^{PD}_{\imath slak} = MF_{kuru}(z)\Delta^{PD}_{0,kuru} + MF_{\imath slak}(Z)\Delta^{PD}_{0,\imath slak} \tag{2.21}$$

Burada;

MF(z)=izdüşüm fonksiyonu,

Δ_0^{PD}= zenit yol gecikmesi,

z =uydu-alıcı doğrultusunun zenit açısı olur.

Son yıllarda, farklı araştırmacılar tarafından daha doğru izdüşüm fonksiyonları geliştirilmiştir (Çizelge 2.2).

2.1.2.1. Marini izdüşüm fonksiyonu (MM)

Marini, eğer atmosfer azimuta bağlı olarak simetrik düşünülürse atmosferik gecikme için kullanılan yüzey modelleri *1/sin(ε)* fonksiyonu ile tanımlanabileceğini varsaymıştır. Bu formüldeki ε uydunun kırınma uğramamış yükseklik (eğim) açısıdır. Formülü genişleterek dört farklı terim kullanmış, sonuç olarak ışın hesapları arasındaki farkları ve 1°'nin altındaki zenit değerleri için %0,3'den daha yüksek doğruluklu şekilde elde edilmiştir (Marini 1972).

Marini, bu izdüşüm fonksiyonu katsayıları belirli deneysel dengelemeler ile güçlendirilmesi durumunda hatası %0,1'den daha doğruluklu değerler elde edileceğini belirtmiştir. İzdüşüm fonksiyonu katsayıları hacmen atmosferik özelliklere göre belirlenmiştir.

Marini izdüşüm fonksiyonunda matematiksel karşılığı varsayılan profilin yüzey kırınımının gücündeki genişletilen serinin ilk terimin korunması, bir diğer açıklamasıyla güzergâhtaki eğrilik, yok sayılmaktadır. İşte bu sebepten dolayı Marini izdüşüm fonksiyonu düşük yükseklik (eğim) açılı gözlemlerde düşük doğruluk sağlamaktadır. Marini, izdüşüm fonksiyonunun bölümlü kısmını (2.22) eşitliğindeki gibi açıklamıştır (Marini 1972):

$$m(\varepsilon) = \frac{1}{\sin\varepsilon + \frac{a}{\sin\varepsilon + \frac{b}{\sin\varepsilon + \frac{c}{\sin\varepsilon + \cdots}}}} \tag{2.22}$$

Formüldeki *a*, *b*, *c* katsayıları sabit değerlerdir. Marini, gerekli katsayıların çeşitli katmanlar için elde edilmesini sağlayan tanımlar geliştirmiş olsa da katsayıların radyosonda verilerine deneysel şekilde uygulanması daha yaygındır. Ampirik yaklaşım, fonksiyonların çözümlerini hesaplama açısından kolaylaştırırken, düşük yükseklik (eğim) açılarında güzergâh eğrilinin çözümünü sağlar. Fakat sonuçta elde edilen katsayıların fiziksel olarak yorumlanması her zaman kolay olmaz ve çıkarım yapıldıkları temsili profillerden elde edilen dönemsel değişkenlere uyum sağlamazlar.

2.1.2.2. Hopfield izdüşüm fonksiyonu (HO)

Bu izdüşüm fonksiyonunda nötr atmosfer ve hidrostatik denge için yaklaşık 6,8 K km^{-1}'lik sabit bir sapma oranı olduğunu kabul eder (Hopfield 1969). Aynı zamanda da ışınların bükülme olasılığı göz ardı edilir. Oluşturulan izdüşüm fonksiyonu (2.23) eşitliğindeki gibi açıklanmıştır.

$$d_{trop}^{i} = d_i^z \left[\frac{5}{H_i^e} \int_{-h_{tro_i}}^{0} \frac{\left(r_{tro_i} + x\right) x^4}{\sqrt{\left(r_{tro_i} + x\right)^2 - (r_s \cos\varepsilon)^2}} \right] \tag{2.23}$$

Formüldeki $r_{tro,i}$ N_i'nin gözardı edilmesi gereken durumdaki noktanın jeosentrik yarıçapını, $h_{tro,i}$ aynı durumdaki yüksekliğini, r_s istasyonun jeosentrik yarıçapını, H^e_i eşdeğer yüksekliğini simgelemektedir.

2.1.2.3. Chao izdüşüm fonksiyonu (CH)

Chao'nun amacı, Mariner Mars 1971 uzay aracının radyo sinyalleri ile takip edilebilmesi için Kaliforniya, İspanya, Güney Afrika ve Avustralya'da bulunan Derin Uzay Gözlem Ağındaki antenler aracılığı ile troposferik düzeltmeler üretmekti. Chao izdüşüm fonksiyonunun temeli Edwards, Kaliforniya'da bir yıl boyunca yapılan radyosonda gözlemlerinden çıkarım yapılarak elde edilen ortalama kırınım profiline dayanmaktadır. Kuru ve ıslak zenit gecikmesi için verilen tanımlarda kullanılacak her bir anten için anlık yüzey sıcaklığı bilgisi, gözlem bölgelerinden toplanmış iki senelik radyosonda verilerine dayanmaktadır. Kuru ve ıslak fonksiyonların değerleri, senelik ortalama kuru ve ıslak kırınım profillerinin temsili analitik ışın hesapları tarafından hesaplanmaktadır. Chao izdüşüm fonksiyonu, hidrostatik ve ıslak bileşenleri farklı yüzey modellerinden yararlanarak fazlalık gecikmeye ulaşabilmek için Marini'nin sürekli bölüm formülünden (1972) esinlenmiştir. Chao'ya özgü hidrostatik ve ıslak yüzey modelleri (2.24) eşitliğindeki gibidir (Spilker 1996b):

$$m_h(\varepsilon) = \frac{1}{sin\varepsilon + \frac{0,00143}{tan\varepsilon + 0,0445}} \qquad m_w(\varepsilon) = \frac{1}{sin\varepsilon + \frac{0,00035}{tan\varepsilon + 0,017}} \qquad (2.24)$$

Yukarıda verilen yüzey modellerinin Marini'nin temsili sürekli bölüm formülünden farkları, sadece ilk iki terimin kullanılması ve *m(90°)=1* değerinin elde edilebilmesi için ikinci *sin(ε)* terimi yerine *tan(ε)* teriminin kullanılmasıdır. Yıllık ortalama kırınım profillerine bağlı olarak değişebilen Chao'nun hidrostatik izdüşüm fonksiyonunun doğruluğu 1°'in altındaki zenit açıları için %1 metre olarak belirlenmiştir (Belirlenen takip planı için yeterli doğruluğa ulaşılmıştır. Bu %1'lik hata, 5° gözlemler için yaklaşık 230 mm'ye karşılık gelmektedir). Fakat bu belirsizlik jeodezik uygulamalar için çok büyük olarak kabul edilmektedir. Su buharının üç boyutlu ve zamansal değişiminden dolayı ıslak izdüşüm fonksiyonu uydu jeodezisi uygulamalarında kullanılmıştır.

2.1.2.4. Lanyi izdüşüm fonksiyonu (LA)

Hala kullanımda olan en karmaşık izdüşüm fonksiyonu Lanyi tarafından Jet İtki Laboratuvarında (JPL) geliştirilmiştir. Lanyi, ıslak ve kuru kırınım anındaki atmosferik gecikmeyi genişleterek hidrostatik ve ıslak bileşenleri içeren tek bir izdüşüm fonksiyonu elde etmiştir (Lanyi 1984).

Lanyi izdüşüm fonksiyonu, 6°'ye kadar olan yükseklik (eğim) açıları ile yapılan gözlemlere uygun olacak şekilde kısmi-analitik yaklaşımla geliştirilmiştir ve üçlü doğrusal sıcaklık profilleri kullanılır. Kırınımda ikincil ve üçüncül seviye terimlerin bükülme etkisi olarak tanımlanabileceği doğal atmosfer yayılım gecikmesi üçüncül seviyeye kadar genişletilmiştir. Ortalama profile göre değişim gösterebilen enlem ve ölçüm bölgesine ait değişkenler, tropopoz yüksekliği, tersinim yüksekliği ve sıcaklık değişim oranı gibi girdiler aracılığı ile modellenebilir (Mendes ve Langley 1998).

$$F(\varepsilon) = d_d^z F(\varepsilon) + d_w^z F(\varepsilon) + \frac{1}{\Delta}[(d_d^z)^2 F_{bend1}(\varepsilon) 2 d_d^z d_w^z F_{bend2}(\varepsilon) + (d_w^z)^2 F_{bend3}(\varepsilon)] \quad (2.25)$$

(2.25) eşitliğinde ε yükseklik (eğim) açısını, d_d^z kuru zenit gecikmesini, d_w^z ıslak zenit gecikmesini, Δ atmosferik ölçek yüksekliğini (8567 km), F_{bend} bükülme terimlerini simgelemektedir.

2.1.2.5. Moffett izdüşüm fonksiyonu (HM)

Moffett (1973) çalışmalarında basitleştirilmiş Hopfield izdüşüm fonksiyonu yaklaşımlarını sunmuştur ve bu fonksiyonlar literatürde kimi zaman (yanlış olmasına rağmen) Hopfield modelleri veya izdüşüm fonksiyonları olarak anılmaktadır. Bu geliştirilen ve (2.26) eşitliğindeki fonksiyonlarda, yalnız yükseklik (eğim) açısı gerektiğinden yaygın olarak kullanılmıştır (Mendes 1999).

$$m_d(\varepsilon) = \frac{1}{\sin(\varepsilon^2+6{,}25^\circ)} \qquad m_w(\varepsilon) = \frac{1}{\sin(\varepsilon^2+2{,}25^\circ)} \qquad (2.26)$$

2.1.2.6. Goad ve Goodman izdüşüm fonksiyonu (GG)

Saastamoinen (1973) kendi izdüşüm fonksiyonunda uyguladığı, troposferde yükseldikçe sıcaklığın lineer olarak düştüğü fakat stratosferde sabit kaldığı varsayımını, Goad ve Goodman (1974) da Hopfield modeli üzerinde uygulayarak kendilerine ait izdüşüm fonksiyonu oluşturmuştur. Bunun yapılabilmesi için Saastamoinen zenit düzeltmelerinin ıslak ve kuru bileşenlerini, eşdeğer yükseklik H_d^e ve H_w^e değerlerini kalibre etmek için kullanılmıştır. Goad ve Goodman izdüşüm fonksiyonu kimi zaman literatürde modifiye edilmiş Hopfield modeli olarak geçmektedir. Bu kullanımdan kaçınılmalıdır çünkü bu tabir Moffett izdüşüm fonksiyonu ile karıştırılabilir (Mendes 1999).

2.1.2.7. Santerre izdüşüm fonksiyonu (ST)

Santerre (1987) tarafından geliştirilen izdüşüm fonksiyonu, Goad ve Goodman izdüşüm fonksiyonunun gelişmiş halidir. Goad ve Goodman izdüşüm fonksiyonuna ek olarak 45° altındaki yükseklik (eğim) açısındaki gözlemlerde ışın bükülmesini de hesaba katmaktadır (Mendes 1999).

2.1.2.8. Black izdüşüm fonksiyonu (BL)

Black (1978) izdüşüm fonksiyonu, geometrik yaklaşımlardan elde edilen normalleştirilmiş integralin Taylor serisine açılmasından elde edilen basit analitik formlardır. Temeli Hopfield (1969) tarafından geliştirilmiş dördüncü dereceden profillere ve Hopfield (1971) tarafından önerilmiş eş yüksekliğin kullanılmasına dayanmaktadır. Matematiksel formülü (2.27) eşitliğindeki gibidir.

$$m_i(\varepsilon) = \left(1 - \left(\frac{\cos\varepsilon}{1+(1-I_c)\left(\frac{H_i^e}{r_s}\right)}\right)^2\right)^{-\frac{1}{2}} \tag{2.27}$$

Denklemdeki I_c değeri yüzey sıcaklığı ve yükseklik (eğim) açısının zayıf bir fonksiyonu olmasıyla birlikte 0,85 olarak kullanılır (Black 1978). Bu izdüşüm fonksiyonu 5° ve üstündeki yükseklik (eğim) açılarında kullanılması önerilmektedir (Mendes 1999).

2.1.2.9. Black ve Eisner izdüşüm fonksiyonu (BE)

Toplam zenit gecikmesi için kullanılan Black ve Eisner izdüşüm fonksiyonu (1984), Black (1978) izdüşüm fonksiyonunun gelişmiş halidir ve yalnızca yükseklik (eğim) açısını kullandığı için (2.28) eşitliğinde görüldüğü gibi basit ve geometrik bir modeldir.

$$m_t(\varepsilon) = \frac{1}{\sqrt{1-\left(\frac{\cos\varepsilon}{1+0{,}001}\right)^2}} \tag{2.28}$$

2.1.2.10. CfA2.2 izdüşüm fonksiyonu (CfA)

Davis vd. (1985), Marini'nin devamlı bölüm formülünü temel alan hidrostatik izdüşüm fonksiyonu Harvard-Smithsonian Astrofizik Merkezi'nde geliştirdi. Davis vd. Marini'nin sürekli bölüm formülündeki üçüncü seviyeyi de denkleme katarak 5° ve üzerindeki yükseklik (eğim) açılı gözlemler için santimetre altı seviyede doğruluk elde etmeyi amaçlamıştır.

Chao'nun izdüşüm fonksiyonunda olduğu gibi zenit seviyesinde *m(90°)=1* değerine ulaşabilmek için ikinci seviyedeki sinüs terimi tanjant terimi ile değiştirilmiştir. Bu değişimin getirdiği dezavantaj 20°- 60° arasındaki yükseklik (eğim) açıları için *tan(ε)* değeri *sin(ε)* değerine hızla yaklaşamamaktadır. Davis vd. (1985) bu yükseklik açıları için atmosferik gecikme parametrelerini temsilen 1-2mm'lik hata bekleneceğinin altını çizmiştir. CfA2.2 izdüşüm fonksiyonunun katsayıları, ideal atmosfer modelinden yararlanılarak ışın hesabı ile elde edilmiştir ve bu katsayılar yüzeydeki sıcaklık, toplam basınç, kısmi su buharı basıncı, sıcaklık sapma oranı, tropopoz yüksekliği gibi sayısal değerlere bağlı olarak değişen doğrusal fonksiyonlar olarak tanımlanmıştır.

Kullanılan ışın hesabı algoritması, katmanlı ve küresel simetri esasına dayanmaktadır. Bu izdüşüm fonksiyonu sadece hidrostatik zenit gecikmesinin elde edilebilmesi için geliştirilmiş olsa da aynı zamanda ıslak gecikme için de kullanılabilir. Bu işlem bize izdüşüm fonksiyonundaki belirsiz genişlikteki "küçük" bir hatayı tanıştırır.

Davis vd. Saastamoinen'in hidrostatik zenit gecikmesi modelinin geliştirilmiş halini önümüze sunmuştur. Davis vd. fiziksel sabitlere ait kesin olmayan bilgilerden ve atmosferin yapısındaki çeşitlilikten dolayı oluşan zenit gecikmesinden kaynaklanan belirsizlikleri de değerlendirmeye katmıştır. CfA2.2 fonksiyonları (2.29, 2.30 ve 2.31) eşitliklerindeki gibidir.

$$m_{h,nh}(\varepsilon) = \frac{1}{\sin\varepsilon + \frac{a}{\tan\varepsilon + \frac{b}{\sin\varepsilon + c}}} \qquad (2.29)$$

Formüldeki a,b,c katsayıları da aşağıdaki gibidir;

$$a = 0{,}001185\{1 + 0{,}6071x10^{-4}(P_s - 1000) - 0{,}1471x10^{-3}e_s + 0{,}3072x10^{-2}(t_s - 20) + 0{,}01965(6{,}5 - \alpha) - 5{,}645x10^{-6}(H_t - 11231)\} \qquad (2.30)$$

$$b = 0{,}001144\{1 + 0{,}1164x10^{-4}(P_s - 1000) + 0{,}2795x10^{-3}e_s + 0{,}3109x10^{-2}(t_s - 20) + 0{,}03038(6{,}5 - \alpha) - 1{,}217x10^{-5}(H_t - 11231)\} \qquad (2.31)$$

$$c = -0{,}0090$$

2.1.2.11. MTT izdüşüm fonksiyonu (MTT)

Herring (1992), bize izdüşüm fonksiyonunun verilen yüzey sıcaklığı için belirlenmiş farklı enlemlerdeki yüzey sıcaklık profilleri aynı zamanda istasyonun bulunduğu enlem ve yüksekliğe bağımlılığını tanıtmıştır. Herring yüzey sıcaklığının, tropopoz yüksekliği ve yayılım oranı ile korelasyonlu olduğunu göstermek amacıyla sıcaklık profil şekillerini (değişim oranı, tropopoz yüksekliği) hesaba dahil etmiştir. Hidrostatik izdüşüm fonksiyonunu temsil eden formül (2.32) eşitliğindeki gibidir.

$$m_i(\varepsilon) = \frac{1+\frac{a_i}{1+\frac{b_i}{1+c_i}}}{\sin(e)+\frac{a_i}{\sin(e)+\frac{b_i}{\sin(e)+c_i}}} \qquad (2.32)$$

Formüldeki i parametresi hidrostatik ve ıslak izdüşüm için farklılaşmaktadır. Aynı zamanda formüldeki parametreler Herring (1992) kaynağına bakılabilir. Herring'in izdüşüm fonksiyonu Marini'nin sürekli bölüm formülünü temel almıştır. İki yıl boyunca Kuzey Amerika'daki 11 farklı bölgeden atmosfere yollanan radyosondalar ile ölçülmüş hava ve su buharı profillerinden yararlanılarak yapılan ışın hesabından hidrostatik ve ıslak yüzey modelleri geliştirilmiştir. Herring, izdüşüm fonksiyonlarını 3°'ye kadar olan yükseklik (eğim) açıları için geliştirmiştir. Her bir ışın takibi için güzergâhın birleşimi, güzergâh boyunca her bir noktanın eğiminden ve toplam kırınımdan aynı zamanda basınçtan yararlanılarak, hidrostatik dengenin sağlandığı düşünülerek belirlenmiştir.

Kırınım ile ilişkilendirilmiş ışın bükülmesinin, geometrik katkısı, fazlalık ıslak bileşeni, kırınımın hidrostatik bileşeni için güzergâh boyunca oluşan gecikmeler ayrı ayrı hesaba katılmıştır. Zenit yönündeki ilk ışın ve bundan kaynaklı zenit gecikmeleri, hidrostatik ve ıslak yüzey modellerinin geliştirilmesinde kullanılmıştır. Geometrik bükülme terimleri, hidrostatik ve ıslak yüzey modellerine eklenmiştir.

Her bir ışın takibinin tamamlanmasının ardından, izdüşüm fonksiyonundaki katsayıların hidrostatik ve ıslak bileşenleri ayrı ayrı en küçük kareler yöntemine uygun biçimde belirlenmektedir. Yükseklik (eğim) açısı 5°'deki ışın takibi ve bu deneysel yüzey modelleri arasındaki tipik rms (kareler ortalamasının karekökü) farkları, hidrostatik gecikme için 30 mm, ıslak gecikme için ise 10 mm'dir (Herring 1992). Bu sebeple 3 mm'lik düşey doğruluk elde edebilmek için izdüşüm fonksiyonundaki bu belirsizlik, ölçüm yapılan yükseklikteki toplam atmosferik gecikmenin %0,04'ü yani 5°'lik yükseklik (eğim) açısı için 10 mm'den düşük olmalıdır. Islak izdüşüm fonksiyonunun gerekliliği daha az bağlayıcı bir düzendir fakat ulaşılması zor olabilmektedir (Niell 1996).

2.1.2.12. Ifadis izdüşüm fonksiyonu (IF)

Ifadis tarafından geliştirilen bu izdüşüm fonksiyonu CfA2.2 modelini temel olarak almıştır. Ifadis izdüşüm fonksiyonunun geliştirilmesinde küresel ve iklimsel çözümlere ulaşabilmek için üçüncü seviye bölümlerden yararlanmıştır (Ifadis 1986).

$$m_i(\varepsilon) = \frac{1+\frac{a_i}{1+\frac{b_i}{1+c_i}}}{\sin(e)+\frac{a_i}{\sin(e)+\frac{b_i}{\sin(e)+c_i}}} \qquad 2.33)$$

(2.33) eşitliğindeki a,b,c katsayıları Ifadis, (1986) kaynağında açıklanmıştır.

2.1.2.13. Niell izdüşüm fonksiyonu (NMF)

Neill izdüşüm fonksiyonunda atmosferik gecikmeler, noktanın bulunduğu enlem, yükseklik ve tarihe göre modellenmiştir ve hem hidrostatik ve ıslak fonksiyonlar içerir. Niell, hidrostatik izdüşüm fonksiyonunun değişken güneş ışımalarından dolayı enlem ve mevsime, aynı zamanda atmosfer kalınlık oranının eğrilik yarıçapı yükseldikçe, azaldığından dolayı gözlem noktasının geoitten olan yüksekliğine bağlı olduğunu belirtmiştir. Fakat ıslak izdüşüm fonksiyonunda, su buharı hidrostatik dengede olmadığı için yüksekliğe göre dağılımının istasyon yüksekliğinden yararlanılarak tahmin edilebilmesi beklenemez (Niell 1996). Her enlem değeri için katsayılar, 365,25 günlük dönem ile sinüzoit olarak modellenmiştir Bir t anında φ_i enlemindeki hidrostatik izdüşüm fonksiyonu parametreleri (2.34) eşitliğindeki gibi hesaplanır.

$$a_h(\varphi_i, t) = a_{h_{avg}}(\varphi_i) + a_{h_{amp}}(\varphi_i)cos\left(2\pi\frac{doy-28}{365,25}\right) \quad (2.34)$$

Niell'in hidrostatik izdüşüm fonksiyonu, yüzey meteorolojisinden bağımsızdır. Bunun yerine atmosferin yüzeyden yaklaşık bir kilometre yükseklikteki, aşırı derecede mevsime bağlı olarak değişebilen durumunun etkisi büyüktür.

$$m_i(\varepsilon) = \frac{1+\frac{a_i}{1+\frac{b_i}{1+c_i}}}{\sin(e)+\frac{a_i}{\sin(e)+\frac{b_i}{\sin(e)+c_i}}} + H_s x10^{-3}\left[\frac{1}{sin\varepsilon} - \frac{1+\frac{a_{ht}}{1+\frac{b_{ht}}{1+c_{ht}}}}{\sin(e)+\frac{a_{ht}}{\sin(e)+\frac{b_{ht}}{\sin(e)+c_{ht}}}}\right] \quad (2.35)$$

$a_{ht} = 2{,}53x10^{-5}$ $\quad b_{ht} = 5{,}49x10^{-3}$ $\quad c_{ht} = 1{,}14x10^{-3}$

(2.35) eşitliğinde son parantezindeki işlem sadece hidrostatik bileşene uygulanan analitik yükseklik düzeltmesi olarak adlandırılır. Niell, hidrostatik modelindeki değişimlerin sıcaklıktaki değişimlere sebep olan atmosferin kalınlık oranındaki değişimlerle nadiren eşleştiğini belirtmiştir. Bu sebeple yüzey fonksiyonunun değişimlerinin zaman çizelgesi, atmosferdeki yükseklik değişimine bağlı olarak değişen sıcaklığa bağlıdır (Niell 1996). Marini izdüşüm fonksiyonuna dayanan bu izdüşüm fonksiyonu Herring de olduğu gibi, üç sabit terimlidir fakat zenit seviyesinde birlik sağlanacak şekilde normalleştirilmiştir.

Işın hesapları, deniz seviyesinden 1000 km'ye kadar olan Dünya atmosferini temsil eden idealleştirilmiş ve kuru hava için kabul edilmiş orta dereceli enlem koşulları olan Amerika Birleşik Devletleri (ABD) Atmosfer Standartlarından dokuz set standart sıcaklık ve bağıl nem profillerine göre hesaplanmıştır. Bu hesaplar, kuzey 15°, 30°, 45°, 60°, 75° enlemlerinde Ocak ve Haziran aylarında gerçekleştirilmiştir.

Niell, (1) kuzey ve güney yarımkürelerin ve bu yarımkürelerin mevsimsel davranışlarının ters simetriktir, (2) ekvator bölgesi, 15° kuzey enlem profili ile tanımlanmıştır ve (3) kutup bölgeleri, 75° kuzey enlem profiline göre tanımlanmıştır, varsayımlarını kabul etmiştir. Bu varsayımlara dayanarak elde edilen dokuz set katsayılar tarafından herhangi bir gün ve enlemde yapılan gözlemler için yüzey modelleri katsayıların doğrusal enterpolasyonları ile bulunmaktadır. Hidrostatik izdüşüm fonksiyonunda Ocak katsayıları ve Haziran katsayıları için ayrı ayrı enterpolasyon yapılmıştır. Fakat ıslak izdüşüm fonksiyonu için Ocak profilleri katsayılarına göre daha iyi olan Haziran profillerinin katsayıları kullanılmıştır. Mevsim ve enlem faktörlerinin yanında geoitten olan yükseklik değerleri de göz önünde bulundurulmuştur. Geoitten olan yükseklik için geçerli hidrostatik izdüşüm fonksiyonunun hassasiyeti, 1000 metredeki bağıl nem, sıcaklık ve basınç değerleri kullanılarak oluşturulmuş, dokuz standart sıcaklık ve bağıl nem profillerine ait ışın hesabının başında belirlenmektedir (Niell 1996).

2.1.2.14. UNSW931 izdüşüm fonksiyonu (UNSW)

Yan ve Ping tarafından Şangay Gözlemevi'nde tümler hata fonksiyonunun devamlı tanımını temel alan iki adet izdüşüm fonksiyonu geliştirilmiştir (Yan and Ping 1995, Yan 1998). Bu yüzey modellerinden biri CfA2.2 tarafından sağlanan atmosferik profillere ve diğer standart atmosferik parametrelere dayanmaktadır ve UNSW931 olarak adlandırılan formül (2.36) eşitliğinde görüldüğü gibidir. Diğer atmosferik model ise Hopfield tarafından sağlanan atmosferik profillere dayanmaktadır.

$$m_{h,nh}(\varepsilon) = \frac{1}{\sin\varepsilon + \frac{a}{I^2\csc\varepsilon + \frac{b}{\sin\varepsilon + \frac{c}{I^2\csc\varepsilon + d}}}} \quad I = \sqrt{\frac{R_e}{2H}\tan\varepsilon} \tag{2.36}$$

UNSW931 izdüşüm fonksiyonu 2,5° ve üzeri yükseklik (eğim) açılarına uygun olacak şekilde tasarlanmıştır. Özellikle belirtilmemiş olmasına rağmen, UNSW931 izdüşüm fonksiyonunun yalnızca hidrostatik bileşen için uygulanması varsayılmıştır. Bu varsayımdan yola çıkarak CfA2.2 göz önünde bulundurulduğunda, UNSW931 modeli ile ıslak zenit gecikmesinin haritalanması bizi yeni hatalara yönlendirecektir (Mendes and Langley 1998).

2.1.2.15. Hartmann-Leitinger izdüşüm fonksiyonu (HL)

Hartman ve Leitinger (1984) havanın düşey kolonunun ağırlık merkezinin yüksekliğini (H_g) temel alan ve toplam zenit gecikmesinin bulunmasında kullanılan izdüşüm fonksiyonunu kullanmıştır.

$$m(\varepsilon) = \frac{1}{\sin\varepsilon}\left[1 - \frac{0{,}85H_g}{R_e}\cot^2\varepsilon + 1{,}5\left(\frac{0{,}85H_g}{R_e}\right)^2\cot^4\varepsilon\right] \tag{2.37}$$

(2.37) eşitliğindeki R_e dünyanın yarıçapını simgelemektedir.

2.1.2.16. Saastamoinen izdüşüm fonksiyonu (SA)

Saastamoinen (1973) izdüşüm fonksiyonu, Snell'in küresel simetrik atmosfer katmanlarının refraksiyon yasasını temel almaktadır. Bu varsayımdan yola çıkarak ve ışın bükülmesini görmezden gelerek Saastamoinen izdüşüm fonksiyonunun matematiksel modeli (2.38) eşitliğindeki gibidir.

$$d_{trop} = 10^{-6}\int_{r_s}^{r_a}\frac{N}{\sin\theta}dr \tag{2.38}$$

Saastamoinen 10°'den daha büyük yükseklik (eğim) açıları ile çalıştığından dolayı 10°'den küçük yükseklik (eğim) açılı gözlemler için zenit gecikmesi *1/sin(ε)* olmalıdır.

2.1.2.17. Baby izdüşüm fonksiyonu (BB)

Baby, vd. (1988) Snell'in refraksiyon yasasını *1/sinθ* terimi ile genişleterek (2.39) eşitliğinde görüldüğü gibi kendi izdüşüm fonksiyonlarını oluşturmuştur.

$$m_t(\theta) = \frac{1}{\sin\theta\sqrt{(1+\varepsilon_H cot^2\theta)}} \qquad (2.39)$$

Denklemdeki ε_H terimi ölçüm yapılan istasyonun jeosentrik mesafesine ve refraksiyon indeksine bağlıdır. Düşük yükseklik (eğim) açısına sahip (45° veya daha düşük) gözlemler için bir düzeltme terimi yayınlanmıştır fakat buna rağmen ışın bükülmesi göz ardı edilmektedir. Bu izdüşüm fonksiyonu 10° ve daha üstü değere sahip yükseklik (eğim) açılarındaki gözlemler için tasarlanmıştır (Mendes 1999).

2.1.2.18. Rahnemoon izdüşüm fonksiyonu (RA)

Rahnemoon (1988) farklı bakış açısı ile incelenmesi gereken nümerik entegrasyon tabanlı bir izdüşüm fonksiyonu geliştirmiştir. Fakat bu yaklaşım jeodezik verilerin analizlerinde hesaplama açısından sorun teşkil etmiştir (işlemlerin hızı diğer izdüşüm fonksiyonlarına nazaran daha yavaştır). Rahnemoon izdüşüm fonksiyonu meteorolojik yüzey verilerini ve Snell'in refraksiyon yasasını kullanarak yüzeyin refraksiyon bileşenlerini oluşturur ve sinyal yolu boyunca gecikmelerin elde edildiği profilleri elde etmektedir.

2.1.2.19. Vienna izdüşüm fonksiyonu (VMF)

GNSS ve VLBI veri analizlerinin troposferik açıdan modellenebilmesi için geliştirilen izdüşüm fonksiyonlarında, radyosonda verileri ışın hesabında kullanılmaktadır. Örnek olarak; Niell İzdüşüm Fonksiyonu (NMF) (Niell, 1996), bir dizi enlem üzerinde yapılmış radyosonda verileri kullanılarak elde edilmiş yılın günü, istasyon enlemi, istasyon yüksekliği gibi parametrelere ihtiyaç duymaktadır. Son yıllarda nümerik hava modelleri verilerini temel alan izdüşüm fonksiyonlarının geliştirilmesine önem gösterilmiştir (Niell, 2001). Eşitlik (2.40)'ta görülen Vienna izdüşüm fonksiyonunun temelindeki prensip, nümerik hava modeline direk olarak ışın hesabı uygulayarak ara adımları es geçmektir.

$$mf_{h,w} = \frac{1+\frac{a}{1+\frac{b}{1+c}}}{\sin(e)+\frac{a}{\sin(e)+\frac{b}{\sin(e)+c}}} \tag{2.40}$$

Islak ve hidrostatik izdüşüm fonksiyonlarında kullanılmış olan sürekli bölüm formülü yukarıdaki gibidir. Bu formül NMF ve IMF modellerinde de kullanılmıştır (Niell 2001b).

Vienna izdüşüm fonksiyonunda katsayılar nümerik hava modeline direk olarak ışın hesabı uygulanarak elde edilmektedir. Işın hesabı işleminde k seviyesindeki (yaklaşık 1000 hPa) kırınım içeriklerinde hidrostatik ve ıslak kırınım değerleri bulunmaktadır. Bu değerler (k-1) seviyesinde N_{Islak}, $N_{Hidrostatik}$, n değerlerinin hesaplanmasında kullanılacaktır. Sonrasında bu seviyelerin yüksekliklerine Dünya'nın yarıçapı r_0 eklenerek jeosentrik uzaklıklar bulunacaktır.

Işın hesabı sonucunda katsayıların belirlenebilmesinin bir diğer yolu ise, daha hızlı sonuç verir fakat doğruluğu ilk yönteme nazaran daha düşüktür. Günümüzde bilgisayarların hızlı olduğu göz önünde bulundurulsa da ışın hesabı hala zaman almaktadır. Özellikle ışın hesabının küresel anlamda günde 4 kere ve her grid noktası için 10'ar defa tekrarlanması gerektiği düşünülürse ihtiyaç olan doğruluğu karşılayacak şekilde daha hızlı bir yöntemin kullanılması mantıklıdır. Her bir nokta için 10 tekrar yerine 3,3° yükseklik açısı temel alınarak işlemler yapılır. Bu sayede önceden tanımlanmış b, c katsayıları için hesap çok daha kolay olacaktır. Vienna izdüşüm fonksiyonunun diğer güncel olarak kullanılan izdüşüm fonksiyonları ile karşılaştırması (rms) aşağıdaki gibidir.

2.1.2.20. Global izdüşüm fonksiyonu (GMF)

Eylül 1999 ile Ağustos 2002 arasındaki dönemde, Vienna izdüşüm fonksiyonunda uygulanan strateji ile bulunan a_h ve a_w katsayıları, ECMWF (Avrupa Orta Mesafeli Hava Tahmin Merkezi) tarafından 40 yıllık basınç, sıcaklık ve nem profili değerlerinin analizi ile 15° x 15° küresel grid boyutlarında elde edilmiştir. Vienna izdüşüm fonksiyonundan alınan b ve c ampirik denklemleri ile a katsayısı sadece 3,3°'lik öncül yükseklik (eğim) açısı alınarak ışın hesabına sokulmuştur (Boehm vd. 2006).

Dolayısı ile 312 farklı noktada her bir nokta için 36 aylık hidrostatik ve ıslak a parametresi değerleri elde edilmektedir. Hidrostatik katsayılar, Niell (1996) tarafından verilen yükseklik düzeltmesi kullanılarak ortalama deniz seviyesine indirilmiştir. Ortalama a_0 değerleri, aşağıda verilmiş sinüzoidal fonksiyonun *A* yıllık genleşme değerleri, her bir grid noktasındaki a parametresinin zaman serilerine nümerik izdüşüm modelinde olduğu gibi uygun durumdadır. Her bir grid noktasındaki aylık değerlerin standart sapmalarında, ekvatorun enlem değerinden uzaklaştıkça Sibirya'da görülen maksimum 8 mm değerine kadar artış görülmektedir. Islak bileşenin standart sapma değerleri ise ekvatorda 3 mm gibi küçük değerlerdir.

Çizelge 2.2 İzdüşüm fonksiyonlarının temel özelliklerinin özeti.

Mapping Function	P_s	T_s	e_s	α	T_h	H	φ	Diğer	Açı	ε_{min}	Tip	d_g
Baby	x	x	x			x			Θ	10°	t	
Black & Eisner									E	7°	t	
Black		x							E	5°	d, w	
CfA	x	x	x	x	x				E	5°	h,nh/	x
Chao									E	1°	d, w	
Goad,Goodman	x	x	x			x			E	n/a	d, w	
Hartmann MF	x*	x*	x*				x	H_g	E	5°	t	x
Moffett									E	2°	d, w	
Hopfield		x^-				x			E	n/a	d, w	
Ifadis	x	x	x						E	2°	h, nh	x
Lanyi	x	x		x	x			H_i	E	6°	t	x
Marini	x	x	x			x	x		E	10°	d, w	
MTT		x				x	x		E	3°	h, nh	x
Niell MF						x^-	x	doy^-	E	3°	h, nh	x
Rahnemoon	x	x	x			x	x		Θ	n/a	d, w	x
Saastamoinen	x	x	x			x			ε^+	10°	t	x
Santerre	x	x	x			x			E	n/a	d, w	x
UNSW931	x	x	x	x	x				E	2,5°	h,nh/	x
Global MF						x		doy,a,b,c	E	3,3°	h, nh	x
Vienna MF						x		a, b, c	E	3,3°	h, nh	x

Çizelgede kullanılan parametreler sırasıyla, * geometrik gecikme (sinyal bükülmesi), yalnızca hidrostatik bileşen, / hidrostatik bileşen için geliştirilmiş fonksiyonun aşırı kullanımı, + hesaplama öncesinde gerçek yükseklik (eğim) açısının görünen yükseklik (eğim) açısına çevrilmiş olması durumunu göstermektedir. Aynı zamanda, P_s= yüzeydeki toplam basınç; T_s= yüzey sıcaklığı; e_s= yüzey su buharı basıncı; α= sıcaklık sapma oranı; T_h= tropopoz yüksekliği; H= istasyonun ortometrik yüksekliği; φ= istasyonun enlemi; H_g= gravite merkezinin yüksekliğini simgelemektedir. Aynı zamanda H_i = değişim yüksekliği; doy= yılın günü; Açı= yükseklik açısı türü (θ= görünen; ε= gerçek); ε_{min}= izdüşüm fonksiyonunun tasarlandığı minimum yükseklik (eğim) açısı (n/a= belirtilmemiş); Tip= troposferik gecikme bileşeni (d= kuru; w= ıslak; h= hidrostatik; nh= hidrostatik olmayan; t= toplam); d_g= geometrik gecikme olarak nitelendirilir.

2.2. TROPOSFERİK PARAMETRE KESTİRİMİ

Altimetre kalibrasyonu, uçak ve roketlerin performansları aynı zamanda dizaynları için sıcaklık, basınç, yoğunluk, ses hızı ve viskozite gibi değerler gereklidir. Atmosfer, herhangi bir zaman ve yükseklikte hiçbir zaman sabit kalmadığından dolayı beklenen yaklaşım değerlerini verebilecek kuramsal bir model kullanılmalıdır. Bu model aynı zamanda Standart Atmosfer olarak da bilinir. Bu modelde toz, nem, su buharı gibi değerler yok sayılır. İlk standart atmosfer modelleri Amerika ve Avrupa'da 1920'lerde geliştirilmiştir. Bu iki model arasındaki küçük farklılıklarda uzlaşıldı ve uluslararası model, Uluslararası Sivil Havacılık Organizasyonu tarafından 1952 senesinde kullanılmaya başlanılmıştır. ISA (uluslararası standart atmosfer) ICAO'da 7488/2 dosyası ile tanımlı olup, ortalama deniz yükseklik seviyesindeki değerleri aşağıdaki gibidir:

- Sıcaklık: +15°C;
- Basınç: 1013,25 mb;
- Yoğunluk: 1 ρ / ρ_0;
- Kinematik viskozite: 1,461 x 10-5 m^2/sn
- Isı iletkenliği: 2,534 x 10-2 W/m
- Ses hızı: 340,3 m/sn

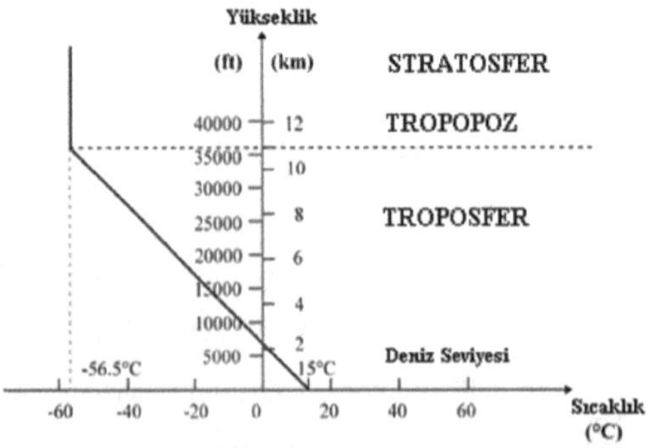

Şekil 2.1 Sıcaklığın yüksekliğe bağlı değişimini göstermektedir.

Sıcaklık, tropopoz yüksekliğine kadar -6,5°C/1000 m oranında yükseklikle beraber azalmaktadır (Şekil 2.1). Standart tropopoz yüksekliği 11 km'dir. Bu sebeple ISA modelindeki mükemmel gaz olarak düşünülen havanın troposfer içerisindeki karakteristiği (2.41) eşitliğindeki gibidir.

$$T = T_0 - 6{,}5\frac{h(m)}{1000} \quad \text{veya} \quad T = T_0 - 1{,}98\frac{h(ft)}{1000} \qquad (2.41)$$

Hava sıcaklığı, tropopoz ile 20 km arasında -56,5°C (216,65°K) değerinde sabit olarak kalır. Tropopoz üzerindeki yüksekliklerdeki sıcaklı sabit olarak kabul edilmektedir, basınç için ise geçerli formüller (2.42 ve 2.43) eşitliklerinde görüldüğü gibidir.

$$\int_{P_{11}}^{P} \frac{dp}{p} = -\frac{g}{RT_{11}} \int_{h_{11}=11000}^{h} dh \qquad (2.42)$$

$$p = p_{11} e^{-\frac{g}{RT_{11}}(h-h_{11})} \qquad (2.43)$$

Alt-indisi 11 olan parametreler tropopoz da ki değerleri simgeler ve p_{11}= 226,32hPa, T_{11}= 216,65°K, h_{11}= 11 km olarak kabul edilmektedir. İstenilen yükseklikler için kestirilmiş troposfer parametreleri Çizelge 2.3'de bulunabilir.

Çizelge 2.3 Uluslararası standart atmosfer (ISA) tablosu.

Yükseklik (ft)	Sıcaklık (°C)	Basınç hPa	PSI	In.Hg	Basınç Oranı $\delta = P / P_0$	Yoğunluk $\sigma = \rho / \rho_0$	Ses Hızı (knot)	Yükseklik (metre)
40000	-56,5	188	2,72	5,54	0,1851	0,2462	573	12192
39000	-56,5	197	2,58	5,81	0,1942	0,2583	573	11887
38000	-56,5	206	2,99	6,10	0,2038	0,2710	573	11582
37000	-56,5	217	3,14	6,40	0,2138	0,2844	573	11278
36000	-56,3	227	3,30	6,71	0,2243	0,2981	573	10973
35000	-54,3	238	3,46	7,04	0,2353	0,3099	576	10668
34000	-52,4	250	3,63	7,38	0,2467	0,3220	579	10363
33000	-50,4	262	3,80	7,74	0,2586	0,3345	581	10058
32000	-48,4	274	3,98	8,11	0,2709	0,3473	584	9754
31000	-46,4	287	4,17	8,49	0,2837	0,3605	586	9449
30000	-44,4	301	4,36	8,89	0,2970	0,3741	589	9144
29000	-42,5	315	4,57	9,30	0,3107	0,3881	591	8839
28000	-40,5	329	4,78	9,73	0,3250	0,4025	594	8534
27000	-38,5	344	4,99	10,17	0,3398	0,4173	597	8230
26000	-36,5	360	5,22	10,63	0,3552	0,4325	599	7925
25000	-34,5	376	5,45	11,10	0,3711	0,4481	602	7620
24000	-32,5	393	5,70	11,60	0,3876	0,4642	604	7315
23000	-30,6	410	5,95	12,11	0,4046	0,4806	607	7010
22000	-28,6	428	6,21	12,64	0,4223	0,4976	609	6706
21000	-26,6	446	6,47	13,18	0,4406	0,5150	611	6401
20000	-24,6	466	6,75	13,75	0,4595	0,5328	614	6096
19000	-22,6	485	7,04	14,34	0,4791	0,5511	616	5791
18000	-20,7	506	7,34	14,94	0,4994	0,5699	619	5406
17000	-18,7	527	7,65	15,57	0,5203	0,5892	621	5182
16000	-16,7	549	7,97	16,22	0,5420	0,6090	624	4877
15000	-14,7	572	8,29	16,89	0,5643	0,6292	626	4572
14000	-12,7	595	8,63	17,58	0,5875	0,6500	628	4267
13000	-10,8	619	8,99	18,29	0,6113	0,6713	631	3962
12000	-8,8	644	9,35	19,03	0,6360	0,6932	633	3658
11000	-6,8	670	9,72	19,79	0,6614	0,7156	636	3353

Standart atmosfer söz konusu olduğunda geliştirilmiş ya da hala geliştirilmeye devam eden diğer modellerin bir kısmının listesi alt başlıklardaki gibidir.

2.2.1. Global Modeller

- COSPAR Uluslararası Referans Atmosferi (CIRA) (Mesafe: 130 - 2000 km), 1986
- Yeni Orta Atmosfer Referans Program Modeli (Mesafe: 20 - 80 km), 1985
- ISO Havacılık için Referans Atmosferi (Mesafe: 0 - 80 km), 1982
- ISO Standart Atmosferi (Mesafe: -2 - 80 km), 1975
- NASA/GSFC Aylık Ortalama Sıcaklık, Rüzgar, Jeopotansiyel Yükseklik ve Basınç Klimatolojisi (Mesafe: 0 - 120 km), 1988
- NASA/MSFC Global Referans Atmosfer Modeli (GRAM-99) (Mesafe: 0 - 2,500 km), 1999
- U. S. Standart Atmosfer (Mesafe: -5 km – 700 km), 1962
- U. S. Standart Atmosfer Gereklilikleri (Mesafe: 0 - 1,000 km), 1966
- U. S. Standart Atmosfer (Mesafe: -5 km - 1,000 km), 1976

2.2.2. Bölgesel Modeller

- Uluslararası Tropik Referans Atmosferi (Mesafe: -5 km - 1,000 km), 1987
- Hindistan'ın Ekvator Bölgesi için Referans Atmosferi (Mesafe: 0 - 80 km), 1985
- Güney Yarımküre'nin Orta Atmosfer Referans Modeli (Mesafe: 25 - 80 km), 1987

2.2.3. Orta Atmosfer Modelleri

- AFGL Atmosferik Bileşen Profilleri (Mesafe: 0 - 120 km), 1986
- AFGL İklim Elemanlarının Ekstrem Örtüleri (Mesafe: 0 - 80 km), 1973
- AFGL Stratosfer ve Troposfer'deki %1 ve %10'luk Ekstremlere Dayanan Sıcaklık ve Yoğunluk Profilleri (Mesafe: 0 - 80 km), 1984
- Global Referans Atmosferi (Mesafe: 18 - 80 km), 1985
- Orta Atmosfer Ozonu için CIRA Referans Modeli'nin İlaveleri (Mesafe: 25 - 90 km), 1993

2.3. RAVİNSONDE GÖZLEMLERİ ve RADYOSONDA

"Ravinsonde" kelimesi tam olarak, atmosferde yükseklikle, basınç, sıcaklık, nem ve rüzgar bilgilerinin elde edilmesini ifade etmektedir. "Radyosonda" kelimesi ise atmosferde yükseklikle, basınç, sıcaklık ve nem bilgilerini ifade eder. Dikkat edileceği üzere bu iki kelimenin tek farkı rüzgar bilgileridir. Şu halde eğer bir istasyonda atmosferde yükseklikle sıcaklık, basınç, nem ve rüzgar değerleri elde ediliyorsa bu rasatlara "Ravinsonde Rasatları' demek daha doğru olacaktır.

En temel ifadeyle, ravinsonde rasatları, radyosonda cihazı denilen ve balonla birlikte serbest atmosfere gönderilen gözlem aletleri yardımıyla yapılır. Radyosonda cihazı, balonun yardımıyla serbest atmosferde yukarı çıkarken meteorolojik bilgileri eş zamanlı olarak ölçen ve istasyona gönderen alettir. Radyosonda cihazı, basınç, sıcaklık, nem değerlerini ölçen sensörlerden meydana gelmektedir. Bu sensörler yardımıyla elde edilen bilgiler, önceden belirlenmiş olan bir sıralama dâhilinde ve belirlenmiş kısa zaman aralığında alıcı yer istasyonuna gönderilir. Rüzgar bilgileri ise radyosonda cihazının serbest atmosferdeki konumuna bağlı olarak elde edilen açı değerlerinden elde edilir. Ravinsonde gözlemleri basıncın, sıcaklığın, nemin, rüzgar yön ve şiddetinin, yerden uçuşun son bulduğu yüksekliğe kadar yüksekliğin bir fonksiyonu olarak elde edildiği gözlemlerdir. Ravinsonde sistemi, bir balonun taşıdığı radyosonda cihazı, cihazdan gelen sinyalleri alan ve cihazı izleyen yer donanım ve bilgileri işlemek için bilgisayar ünitesinden ibarettir.

Ülkemiz ve diğer Dünya Meteoroloji Teşkilatı (WMO) üyesi ülkeler, Dünya Hava Gözetleme Ağının küresel bir parçasıdır ve ravinsonde gözlemleri, hava analiz ve tahmini amacıyla değişik ihtiyaçları karşılamak için kurulmuşlardır. Bu istasyonlar belirli zamanlarda, aynı anda gözlem yaparlar ve Global Telekomünikasyon Sistemi (GTS) aracılığıyla gözlemlerini küresel yayına iletirler. Elde edilen gözlemler, çeşitli matematiksel modellerde, öncelikle hava tahmin ve analizi amacıyla kullanılır. Ayrıca, yukarı hava (atmosfer) araştırmaları, klimatolojik amaçlar, uçuş araştırmaları ve askeri amaçlar için de bilgi bankası görevini yürütür. WMO zaman programı dışında yapılan gözlemler ise özel amaçlı gözlemlerdir.

2.3.1. Türk Radyosonda İstasyonları

Ülkemiz coğrafik konumundan dolayı çok farklı hava kütlelerinin etkisinde kalmaktadır. Bu nedenden dolayı da çok farklı meteorolojik olayların etkisi altında kalmaktadır. Farklı meteorolojik olayların daha iyi tanımlanabilmesi için, yer istasyonlarının yanında gereği kadar radyosonda istasyonuna ihtiyaç duyulmaktadır. Bu ihtiyaç, hava tahmin ve analizi, klimatolojik ve her türlü araştırma faaliyetlerini de kapsamaktadır. Ülkemizde 8 adet radyosonda istasyonu bulunmaktadır. Bunlar, Samsun, İstanbul, Ankara, İzmir, Isparta, Diyarbakır, Adana ve Erzurum'dadır. Bu istasyonlar, yukarıda açıklandığı üzere, Türkiye' yi etkileyen hava kütleleri ve ulusal ihtiyaçlar göze alınarak tesis edilmiştir. WMO, geniş kara bölgeleri üzerinde radyosonda istasyonlarının 250 km, sık nüfuslu olmayan yerlerde ve okyanuslarda ise 1.000 km aralıklı olarak kurulmasını tavsiye eder. Bu kıstaslar dikkate alındığında, Türk ravinsonde istasyonları aşağı yukarı bu kıstaslara uymaktadır. Aradaki mesafe ortalama olarak 500 km civarındadır. WMO (Dünya Meteoroloji Teşkilatı) günde bu istasyonların 4 defa gözlem yapmasını tavsiye eder. Fakat istasyonlarımız bütün dünya genelinde uygulandığı gibi, 00 UTC ve 12 UTC olmak üzere günde iki defa gözlem yapmaktadır.

Şekil 2.2 Türkiye Radyosonda istasyonlarının dağılımı.

2.3.2. Radyosonda İstasyonlarında Bulunan Sistemler

En genel anlamıyla, bir radyosonda istasyonunda uçuş için gerekli olan sistemi, uçurulan sistem ve yerde konuşlandırılmış sistem olarak ikiye ayırabiliriz. Gerek uçurulan sistem, gerekse yer konuşlu sistem dünyada hızla gelişen teknolojilere bağlı olarak, ülkeden ülkeye ve firmadan firmaya kapsamlı olarak değişiklik göstermektedir. Bu yüzden burada, ülkemizde kullanılmakta olan sistemler hakkında genel bilgiler verilmiş ve ayrıntıya girilmemiştir.

2.3.2.1. Uçuş Sistemleri

Uçuş sistemleri veya uçuş takımı, bir balon, uçuşa yardımcı birimler ve radyosonda cihazından ibarettir. Balon, radyosondayi serbest atmosferde istenilen bir yükselme oranında istenilen yüksekliğe çıkarmak için kullanılır. Radyosonda cihazını balona bağlayan sistem, paraşüt, ışıklandırma birimi, bazı radyosonda cihazlarıyla birlikte kullanılan reflektörler uçuşa yardımcı birimler olarak adlandırılmaktadır. Radyosonda ise, istenilen meteorolojik değişkenleri ölçebilecek birimlerden (sensörler) ve elde edilen bu bilgileri istasyona gönderecek vericilerden ibarettir. Ayrıca uçuş sistemleri sırasıyla açıklanmıştır.

a) Balonlar

Meteorolojik amaçlı balonlar, doğal kauçuk hammaddesinden (lateks) veya sentetik kauçuktan (neopren) yapılmıştır. Lateks balonlar, neopren balonlara göre, şiştikleri zaman daha küresel bir görünüm arz ederler ve aşağı atmosferde daha süratli ve muntazam bir yükselme oranına sahiptirler. Neopren balonlar şişirildiklerinde dikey gerilmeye müsaittir ve serbest atmosferde yükselirken balonun tepesi yassılaşır. Bu yüzden balon yavaşlar ve hantallaşır. Lateks balonlara oranla daha az muntazam yükselme oranına sahip olurlar. Neopren balonları rüzgarlı havalarda fırlatmak oldukça zordur. Ayrıca kötü hava koşullan için özel üretilmiş balonlar vardır. Balonlar, gerek pilot balon rasatları gerekse ravinsonde rasatları için farklı hacim ve ağırlıklarda yapılmıştır. Genel olarak, pilot balon rasatlarında, 30 ve 100 gramlık balonlar kullanılır. Ravinsonde rasatları için de radyosonda cihazının ağırlığına göre, 600 ile 1500 gram arasında balonlar kullanılmaktadır (Şekil 2.3).

Şekil 2.3 Radyosonda balonu.

Bu balonlar çeşitli boyutlarda olabilir. Pilot balon rasatlarında, balonun 15-20 km'ye kadar çıkması esastır. Ravinsonde rasatlarında ise balonlar kullanılacak radyosonda cihazına göre tayin edilmelidir ve 30-35 km'lik bir yükseklik bu rasatlar için esastır. Balonun ağırlığı arttıkça, (belirli bir ağırlığa kadar) çıkabileceği yükseklik de artmaktadır.

b) Şişirme Gazları

Balonların şişirilmesinde havadan hafif gazlar kullanılmaktadır. Bu gazlar, Hidrojen, Helyum ve doğal gazdır. Devlet Meteoroloji İşleri Genel Müdürlüğü'nde ravinsonde rasatlarında hidrojen gazı kullanılmaktadır. Pilot balon rasatlarında ise duruma bağlı olarak bazen helyum gazı kullanılabilmektedir.

Genellikle ravinsonde yer istasyonlarında pratikliği ve bir parça ucuzluğu sebebiyle hidrojen gazı kullanılmaktadır. Fakat hidrojen yüksek parlayıcılık oranına sahip bir gazdır. Bu tarafı da hidrojenin dezavantajını oluşturmaktadır. Hidrojen gazı bir üretici tarafından imal edilip tüpler vasıtasıyla kullanılmaktadır ya da hidrojen jeneratörü tarafından üretilip kullanılmaktadır. Ülkemizde hidrojen, jeneratörler yardımıyla üretilmektedir.

Helyum hidrojenden daha hareketsiz yani durağan bir gazdır. Aynı zamanda hidrojenden daha güvenli bir gazdır. Helyumun daha güvenli olası nedeniyle, dünyada güvenlik açısından hassas bölgelerde, gemilerde ve mobil operasyonlarda helyum kullanılmaktadır. Helyum genellikle tüplerde kullanılır. Bazen sıvı helyum da operasyon özelliğine yer avantajı sağlamak amacıyla kullanılabilir (Şekil 2.4).

Şekil 2.4 Helyum gazı ile şişirilmiş radyosonda balonu.

c) Uçuşa Yardımcı Birimler

Uçuşun gerçekleştirilebilmesi ve rasat açısından uçuşun güvenli hale getirilebilmesi için uçuşa yardımcı birimler tasarlanmıştır. Bunlar paraşüt ve ışıklandırma birimidir.

- Paraşütler

Balon patladıktan sonra serbest düşmeye geçtiği zaman yerde, özellikle yerleşim yerlerinde hasara sebep olabilir. İstasyonlarımız şehir merkezine yakın bölgelerde bulunduğu için can ve mal emniyeti bakımından mutlaka paraşüt kullanılmaktadır. Kullanılacak paraşütler gökyüzü fonlarından ayırt edilebilecek parlak renklerde olmalıdır.

- Işıklandırma Birimleri

Antenin uçuş başlangıcında manuel olarak radyosondaya kilitlenmesi gereken sistemlerde gece yapılan fırlatmalarda ışıklandırma birimi kullanılmaktadır. Tüm sistemin salıverilmesinin özellikle ilk 5. dakikasına kadar ışıklandırma birimi gece şartlarında operatöre büyük kolaylık sağlamaktadır.

d) Radyosonda Cihazları

Radyosonda cihazı, radyo dalgalan aracılığıyla, herhangi bir yer alıcı istasyonuna basınç (P), sıcaklık (T) ve nem (U) değerlerini otomatik olarak gönderen ve balon yardımı ile taşınan, enerji kaynağı olarak da pili kullanan meteorolojik ölçüm cihazıdır. Radyosondalar dünyada pek çok ülke, firma ve kurumlar tarafından üretilmektedir. Radyosondaların üretiminde belirli bir standart vardır ve hepsinin çalışma prensibi aynıdır.

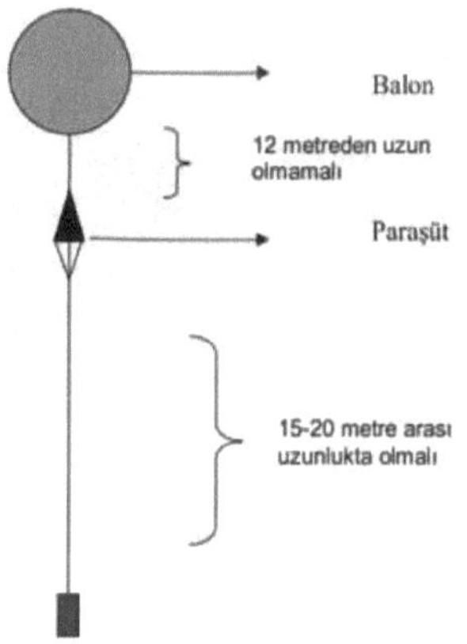

Şekil 2.5 Radyosonda ve uçuş ekipmanı.

Radyosonda cihazlarının temel parçaları, meteorolojik sensörler, elektronik bilgi kodlayıcıları ve telemetrik (radyo dalgalarını kullanan) transmiter (gönderici) dir. Ölçülen basınç, sıcaklık ve nem bilgileri kullanılarak, jeopotansiyel yükseklik ve işba sıcaklığı değerleri elde edilir. Bir sonraki başlıkta radyosonda cihazlarının bileşenleri ile ilgili ayrıntılı açıklama yapılmıştır. Şekilde 2.5'de radyosonda ve ona bağlı olan uçuş ekipmanı görülmektedir.

2.3.2.2. Radyosonda Cihazı ve Meteorolojik Sensörler

Radyosonda cihazlarında kullanılan meteorolojik sensörler, atmosferde, yüksekliğin bir fonksiyonu olarak, basınç, sıcaklık ve kısmi nem değerlerini ölçerler (Şekil 2.6). Sensörler fabrikalarda kalibre edilmektedirler.

Kalibrasyon değerleri uçuş öncesi hazırlıkları yapılırken tamamen kontrol edilmelidir. Böylece, salıverme öncesinde, tüm radyosonda parçalarının uygun şekilde çalıştığı test ve kontrol edilmiş olur.

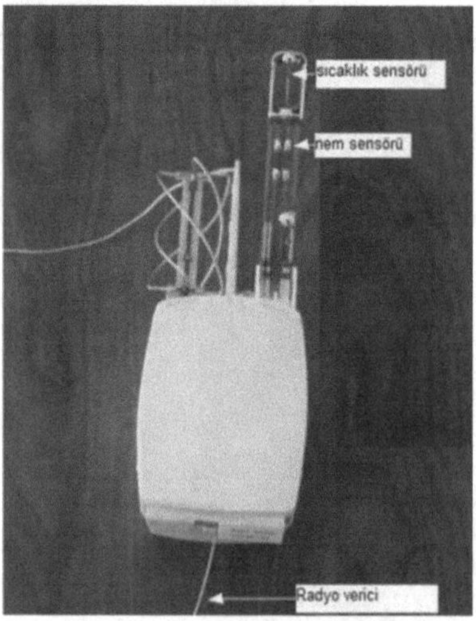

Şekil 2.6 Radyosonda üzerindeki sensörler.

a) Basınç sensörü

Uçuşun başlangıcından itibaren balonun patlamasına kadar geçen sürede, yüksekliğin bir fonksiyonu olarak basınç değerlerini uçuş şartlarında ölçer. Bu sensör genellikle içi boşaltılmış bir tip barometredir. Bu sensör basınçtaki değişmelerde esneyen bir parça içerir. Parçadaki esneme, basınçta meydana gelen değişiklikle orantılıdır. Esnemedeki bu değişiklik kapasitans olarak ya da bir elektronik düzeneği dengeleyecek denge voltajı olarak rapor edilir.

Buradan şu anlam çıkmaktadır; basınçtaki değişim bir barometre tarafından, barometrenin basınca duyarlı parçası tarafından algılanır ve elektronik birimler tarafından elektrik akımına çevrilir. Böylece basınç bilgilerine ait elektronik işaretler (sinyaller) elde edilmiş olur. Basınç sensörleri genellikle +50 ve -90 ° arasındaki sıcaklık değerlerindeki basınç değerlerini ölçmek amacıyla tasarlanmıştır.

b) Sıcaklık sensörü

Uçuşun başlangıcından itibaren balonun patlamasına kadar geçen sürede, yüksekliğin bir fonksiyonu olarak sıcaklık değerlerini uçuş şartlarında ölçer. Bu sensör, rezistans ve kapasitansta meydana gelen sıcaklık değişimlerini elektronik işaret çevirir. Sıcaklık sensörleri kısa ve uzun boylu radyasyonlardan etkilenebilir.

c) Nem sensörü

Uçuşun başlangıcından itibaren balonun patlamasına kadar geçen sürede, yüksekliğin bir fonksiyonu olarak nem değerlerini uçuş şartlarında ölçer. Günümüz radyosondaların da, nem sensörü olarak karbon elemente ve ince zar kapasitansına sahip elektriksel sensörler kullanılmaktadır.

2.3.2.3. Yer Alt Sistemleri

Ravinsonde gözlemlerinde, dünyada kullanılan farklı yer sistemleri bulunmaktadır. Bu yüzden Türkiye'deki istasyonlarda bulunan yer sistemlerinin ayrıntılarına girilmemiştir.

Çizelge 2.4 Radyosondanın veri kayıt türü ve ölçüm doğrulukları.

Meteorolojik Değişkenler	**Ölçüm Kabiliyeti**	**Ölçümlerin Doğruluğu**	**Ölçümlerin Kesinliği**	**Ölçümlerin Hatası**
Hava Sıcaklığı	+50 – (-) 90^0 C	0.5^0C	1050-20 hPa için 0.40^0C < 20 hPa için 1^0C	0.1 ^{0}C
Nispi (Bağıl) Nem	%1 - %100	%5	%100 - %30 için %2,5 %29,9 - %1 için %3,5	%1
Rüzgar Hızı	0-225 knot	3 knot	6 knot	1 knot
Rüzgar Yönü	360 derece	5 derece	Rüzgar hızı ile değişir	1
Atmosferik Basınç	1070 – 2 hPa	P > 300 hPa için 2,0 hPa 300 < P < 50 için 5 hPa	1050 – 100 hPa için 1,5 hPa 99,9-50hPa için 1,5 hPa	P > 50 hPa için 0,1 hPa P < 50 hPa için 0.01 hPa
Basınç Seviyelerinin Jeopotansiyel Yükseklikleri	1070 – 500 hPa 500 – 300 hPa 300 – 100 hPa	< 10m < 15m < 20m	< 10m < 15m < 20m	1m

Zira bu sistemler gelişen ve değişen teknolojiye göre hızla yenilenmektedir. Yer sistemleri tipik olarak izleme, bilgi alma, sinyal ve bilgi işleme fonksiyonlarını yerine getirmektedir.

2.3.2.4. Veri Kayıtları ve Veri Formatı

Bilgisayar sistemi tarafından elde edilen meteorolojik bilgiler, tarih, zaman ve bilginin özelliğine göre belirli ve uygun formatta kaydedilmektedir (Çizelge 2.4). Kaydedilen ayrıntılı bilgiler Meteoroloji Genel Müdürlüğü'nün ravinsonde rasatları ile ilgili bilgi arşivinde saklanmaktadır. Radyosondalardan gelen sinyaller meteorolojik verilere dönüştürüldükten sonra WMO bilgi bankası olan Wyoming

Üniversitesi'ne de ayrıca gönderilir ve orada da depolanır (Çizelge 2.5). Bu kurumdaki gerekli kişilerle temasa geçilerek verilere ulaşılabilir.

Çizelge 2.5 İnternet kaynaklarında bulunabilecek bir radyosonda çıktısı.

PRES hPa	HGHT m	TEMP C	DWPT C	RELH %	MIXR g/kg	DRCT deg	SKNT knot	THTA K	THTE K	THTV K
1000.0	229									
925.0	891	5.8	3.1	83	5.20	40	4	285.2	300.0	286.1
913.0	998	9.4	2.4	62	5.01	62	5	290.0	304.6	290.9
869.0	1408	10.6	-1.4	43	3.99	143	7	295.4	307.4	296.1
850.0	1591	9.0	-2.0	46	3.90	180	8	295.6	307.4	296.3
774.0	2356	1.8	-2.4	74	4.16	216	10	295.8	308.4	296.6
769.0	2409	3.6	-13.4	28	1.78	218	10	298.3	304.0	298.6
768.0	2419	3.8	-16.2	22	1.41	219	10	298.6	303.2	298.9
765.0	2451	4.0	-21.0	14	0.94	220	10	299.2	302.4	299.4
758.0	2526	4.6	-32.4	5	0.33	211	10	300.6	301.8	300.7
749.0	2622	4.2	-31.9	5	0.35	200	11	301.2	302.4	301.2
700.0	3169	1.6	-29.4	8	0.48	250	14	304.2	305.9	304.3
698.0	3192	1.5	-29.9	8	0.46	255	15	304.4	306.0	304.5
681.0	3390	0.8	-34.2	5	0.31	255	16	305.7	306.9	305.8
602.0	4366	-5.7	-46.7	2	0.10	255	20	309.2	309.6	309.2
516.0	5548	-14.3	-47.0	4	0.11	255	26	312.7	313.1	312.7
500.0	5790	-16.1	-47.1	5	0.11	265	29	313.4	313.8	313.4
448.0	6608	-21.7	-41.7	15	0.22	289	31	316.3	317.1	316.3
445.0	6657	-22.2	-41.5	16	0.23	290	31	316.3	317.2	316.3
400.0	7430	-29.7	-37.7	46	0.37	280	31	316.3	317.7	316.4
387.0	7665	-31.9	-37.9	55	0.38	282	32	316.4	317.8	316.5
384.0	7720	-32.5	-39.5	50	0.32	282	32	316.3	317.6	316.4
366.0	8058	-33.9	-49.9	18	0.11	285	34	318.8	319.3	318.9
307.0	9262	-44.1	-60.1	15	0.04	295	40	320.9	321.1	320.9

2.3.2.5. Radyosonda Cihazından Ölçülen Meteorolojik Veriler

a) *Sıcaklık*

Bir maddenin ısı veya moleküler hareketinin derecesinin ölçüsüdür. Teorik olarak, moleküler hareketin durduğu varsayılan mutlak sıfır değerli bir ıskala üzerinden ölçülür. Sıcaklık aynı zamanda sıcaklığın veya soğukluğun bir derecesidir. Radyosonda rasatlarında sıcaklık değeri balonun yükselmesi sırasında her 1 mbar' lık basınç farkında ölçülerek yer istasyonuna bildirilir.

b) Oransal Nem

Havadaki nem miktarını (Su Buharını) ifade etmek için mutlak nem, oransal nem ve özgül nem gibi değerler de kullanılmasına karşın en çok oransal nem değeri kullanılmaktadır. Oransal nem, havadaki mevcut su buharı miktarının havanın taşıyabildiği su buharı miktarına bölünmesiyle elde edilen bir ölçü olup yüzde olarak (%) gösterilir. Bu değer çeşitli şekillerde hesaplanabilmesine karşın bu değeri, mevcut hava buhar basıncını doymuş buhar basıncına bölmek ve 100'le çarparak hesaplamak en yaygın kullanılan yöntemlerden biridir. Oransal nem değeri çiğ noktası ile sık sık karıştırılan bir terimdir. Çünkü çiğ noktası da bir nem ölçüsüdür. Ancak, çiğ noktası değeri nemin insanlar tarafından nasıl algılandığını ifade etmekte kullanılmaktadır.

c) *Basınç*

Meteorolojide, herhangi bir yerdeki birim alana atmosfer ağırlığının yarattığı kuvvet. Atmosfer basıncı veya barometrik basınç olarak da bilinmektedir. Herhangi bir noktadaki atmosfer basıncı denilince, bu nokta birim alan üzerinde dikey olarak uzanan havanın ağırlığı akla gelir. Standart atmosferde bu değer 760 mm.lik cıva sütununa eşittir. Ayrıca bu meteorolojik verilere ek olarak birçok alanda kullanılan rüzgâr ve rüzgâr hızı bilgilerine de radyosonda cihazının konumunda ve hızında meydana gelen değişimler yardımıyla bulunmaktadır.

2.3.2.6. Radyosonda Verileri Kullanılarak Hesaplanan Meteorolojik Parametreler

a) Çiğ Noktası

Çiğ noktası havadaki nemi ifade etmek için kullanılan bir başka ölçüdür. Hava soğudukça, su buharından yeterli enerji serbest bırakılarak yoğunlaşma yani sıvılaşma başlar. Bu işlem, buharlaşma işinin tam tersidir. Nasıl ki, su buharlaşırken yeterli enerjiyle buhar haline geçiyorsa, yoğunlaşma sırasında da enerji kaybedilerek tekrar su haline dönüşmektedir. İşte suyun buhar halinden tekrar sıvı haline dönüştüğü sıcaklık derecesi, çiğ noktası derecesidir. Başka bir ifadeyle söylemek gerekirse, hava soğudukça oransal nem artar ve %100'e ulaştığında ise yoğunlaşma başlar. İşte, oransal nemin %100'e ulaştığı sıcaklık derecesi çiğ noktası indeksini gösterir. Eğer, çiğ noktası artıyorsa sadece havadaki nem miktarı artmaktadır. Ancak, oransal nem artıyorsa sıcaklık ve nemin her ikisinde de artış var demektir. Çiğ noktası değeri hiçbir zaman sıcaklık derecesinin üstünde olamaz.

Doyum halinde, örneğin %100 oransal nemde, sıcaklık ve çiğ noktası değerleri aynıdır. Çiğ noktası dereceleri insanların sıcaklığı nasıl hissettiklerini göstermek için kullanılmaktadır. Aşağıdaki çizelgede buna ilişkin bilgiler yer almaktadır. Havadaki nem miktarının kesin olarak bilinmesi halinde, yoğunlaşmanın hangi sıcaklıkta başlayacağı kolaylıkla bulunabilir. Bir radyosonda den elde edilen bağıl nem (RH) ve sıcaklık (T) değerlerinin aşağıdaki eşitliklerde kullanılmasıyla çiğ noktası (2.44 ve 2.45) eşitlikleri ile hesaplanır (IAPWS 1997 the International Association for the Properties of Water and Steam).

$$e(T) = \frac{Rh}{100} * \left[0,611 * \left(10^{\frac{T*A}{T+B}}\right)\right] \qquad (2.44)$$

$$A = 12,27$$

$$B = 237,3$$

$$T_D = [116,9 + 237,3 * \ln(e)]/[16,78 + \ln(e)] \qquad (2.45)$$

b) *Aktüel* Karışım Oranı (Mixing Ratio)

Mixing Ratio buhar basıncının kuru hava kütlesine oranı (2.46) eşitliğindeki gibi ifade edilen meteorolojik bir niceliktir.

$$w = \frac{Su\ buharı\ kütlesi}{Kuru\ havanın\ kütlesi} \qquad (2.46)$$

Aktüel karışım oranı her ne kadar birimsiz bir nicelik olsa da, tipik atmosferik şartlarda buhar basıncı miktarının kuru havanın miktarına çok az olmasından dolayı g/kg (2.47) eşitliğinde olduğu gibi ifade edilir.

$$w = 622 \frac{e}{p-e} \qquad (2.47)$$

Doymuş buhar basıncı (2.48) eşitliğindeki gibi ifade edilir.

$$w = 622\frac{e_s}{p-e_s} \quad (2.48)$$

Aktüel karışım oranını hesaplamak için kullanılan yukarıdaki eşitliklerde yer alan buhar basıncı (e) ve doymuş buhar basıncı (e_s), çiğ noktası sıcaklığı yardımı ile hesaplanır. Havada normal şartlarda belirli miktarda su buharı bulunur. Havanın atmosferin farklı yüksekliklerinde içerebileceği maksimum su buharı miktarı o yüksekliğin sıcaklık değeri ile doğrudan ilişkilidir. Bu yükseklik değerlerindeki sıcaklıklar, suya ya da buza yakınlık diye ikiye ayrılır.

2.3.2.7. Yoğuşabilir su buharı miktarı (Precipitable Water Vapor);

Dünya yüzeyindeki herhangi bir noktanın zenit doğrultusundaki atmosferik sütunda, atmosferin özel olarak seçilebilen tabakalarındaki yoğuşmaya başlayabilecek toplam su buharı miktarıdır. Bu nicelik özellikle atmosferdeki nem dağılımının izlenmesi, belirli bölgesel alanlar üzerindeki atmosferik parçacıkların akış ve dağılımında ve dünya yüzeyinde oluşan ışınım ve enerji döngülerinde meteorologlar ve dünya bilimciler tarafından dikkatle izlenmesi gereken bir değişkendir (Stantun ve Tuller 1968). Yoğuşabilir su buharı, Iqbal (1983) 'göre (2.49) eşitliği ile ifade edilmektedir,

$$Pw = \frac{1}{g}\int_0^p wdp \quad (2.49)$$

Bu eşitlik kullanılarak bir noktanın zenit doğrultusunda yerden atmosferin bitimine kadar olan düşey sütundaki toplam su buharı miktarını bulmak, su buharının atmosferdeki hızlı değişiminden dolayı zordur. Bu zorluk integralleri toplama dönüştüren (2.50) eşitliğindeki gibi trapozoidal kuralının uygulanması ile aşılmaktadır (Mahajan 2001).

$$Pw = \frac{1}{2g}\sum_{k=1}^{n-1}(P_k - P_{k+1}) * (w_k + w_{k+1}) \quad (2.50)$$

GPS sinyalleri ile elde edilen zenit gecikmelerinden yararlanılarak kestirilen PWV değerlerinin doğruluğunu Dünya çapında referans olarak kabul edilen radyosonda balonları ile yapılmaktadır. Ancak radyosonda ile elde edilen yoğuşabilir su buharı miktarının da doğruluk ölçütleri bulunmaktadır. Radyosonda üzerinde bulunan sensörlerin doğrulukları teknoloji ile devamlı değişmektedir. Aynı zamanda PWV değerlerinin hesaplanması içinde bir hata aralığı bulunmaktadır. Buna örnek olarak Liu, vd. (2000) yaptıkları çalışmalarda Hong Kong bölgesinde 40 günlük radyosonda verileri incelemiştir. Bu çalışmalarda sensörlerin ölçüm hataları ±1,2 mm olarak ve PWV hesaplamalarının hatası ±0,5 mm olarak bulunmuştur (Liu, vd. 2000). Dolayısı ile bir radyosonda ile ölçülen ve hesaplanan PWV değerinin hatası ±1,3 olarak literatürde bulunmaktadır.

2.4. SU BUHARI RADYOMETRESİ

Radyometri (İngilizcesi: radiometry) elektromanyetik radyasyonun ölçülmesi ile ilgili alanın adıdır. Her ne kadar pratiğe bakıldığında çoğu kere IR (kızılötesi), VIS (görünür) ve UV (ultraviyole) bölgeleri ile sınırlandırıldığı görülmekte ise de, teorik olarak EM-spektrumun tüm bölgeleri üzerinde çalışmaktadır. Radyometrik teknikler fotometrik tekniklerden farklı olarak cisimlerden çıkan radyasyonun ölçülmesinde fayda sağlar. Radyometrik ölçümler yüksek atmosfer ve astronomi ölçümlerinin yapılması için de kullanılmaktadır. Atmosfer ölçümleri çevre, jeoloji, iklim ve hızlı gelişen kötü hava koşullarının tahmininde önemli roller almaktadır. Bu ölçümlerin yapılabilmesi için sensörler atmosferde tutulması veya dünya yörüngesinde bulunmalı ayrıca atmosferde bir sensörün asılı kalması için pahalı sistemler gerekmekteydi. Günümüzde pratik çözüm olarak meteoroloji balonlarına bağlı ucuz ölçüm sensörleri günde birkaç defa havaya salınarak kablosuz şekilde atmosfer parametreleri okunabiliyor. Radyosonda ismi verilen cihazlar 403 MHz veya 1680 MHz arasında veri göndererek sabit bir alıcıyı beslemektedir. Bu cihazlara alternatif olarak Radyometre teknolojisi sayesinde daha tutarlı ve gerçek zamana yakın atmosfer ölçümleri almak mümkündür.

Çevre koşullarına göre sağlamlaştırılmış radyometreler, gerçek zamanlı ve sürekli olarak sıcaklık, nem ve sıvı profillerini çıkartmak için kullanılabilmektedir. Sabit bir noktadan veri alabilme yeteneği, havaya salınan balonlardan çok daha etkin bir ölçüm yapılmasını sağlamaktadır. Ayrıca günde iki defa balon atmak yerine sürekli ölçüm yapma imkânı meteorolojik tahminlerin daha doğru olmasını ve ani hava değişimlerinin çok daha önceden tespit edilmesine olanak sağlamaktadır. Radyometreler aynı zamanda uçaklar ve arazi araçları üzerine yerleştirilerek uzak ölçüm yapmaya da imkân sağlamaktadırlar. Toprak, deniz, buz, bitkisel oluşumlar 1.4 ila 89 GHz bandında ölçülebilmektedir. Su buharı radyometreleri kuruldukları bölgelerin üzerindeki düşey bir kolon boyunca ölçüm yaparak toplam su buharı miktarını ve toplam sıvı su miktarını ölçmekte kullanılmaktadır (Şekil 2.7). Ölçülen sıvı su miktarları küçük su damlaları boyutundadır, eğer büyük taneciklerde ölçülürse ölçümler sırasındaki göstergelerde sıçramalara sebep olmaktadır.

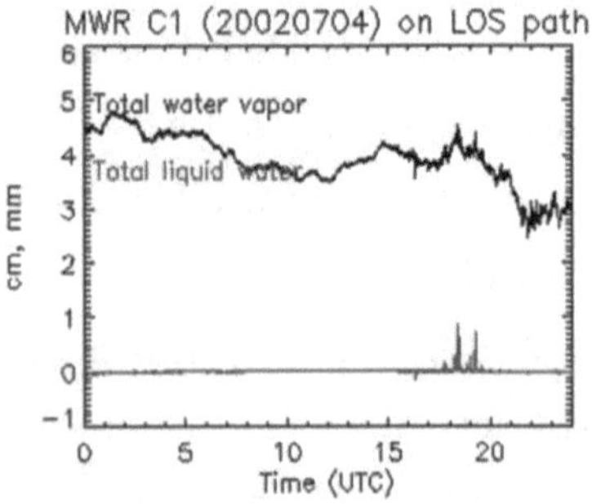

Şekil 2.7 Ölçülen toplam ve yalnızca sıvı su buharı miktarı karşılaştırılması.

Radyometreler (Şekil 2.8) ile toplanmış yukarıdaki diyagramda siyah çizgiler milimetre cinsinde ölçülen toplam su buharı miktarını, kırmızı çizgiler ise santimetre cinsinde ölçülen toplam sıvı su miktarını göstermektedir.

Şekil 2.8 Radyometre cihazı.

Projelerde istenilen doğruluk ve sermayeye bağlı olarak değişik boyut ve kapsamda su buharı radyometreleri kullanılır.

BÖLÜM 3
YOĞUŞABİLİR SU BUHARI ve HESABI

Zenit doğrultusundaki su buharının toplam miktarı "yoğuşabilir su buharı" (PWV) olarak adlandırılır. Bu değer GNSS gözlemlerinden kestirilebilen troposferik yol gecikmesiyle yaklaşık olarak orantılıdır. Yoğuşabilir su buharı miktarının GNSS verilerinden belirlenmesi tekniği "GPS Meteorolojisi" olarak adlandırılmaktadır. Toplam troposferik zenit gecikmesi değerlerinden yoğuşabilir su buharının kestirilebileceğini Bevis, vd. (1992) göstermiştir. Bundan sonra, farklı araştırmacılar tarafından değişik yoğuşabilir su buharı kestirimi çalışmaları gerçekleştirilmiştir (Niell vd. 1996, Stankov vd. 1996, Gossard vd. 1999b; Hagemann vd. 2003, Tregoning vd. 1998, Foster vd. 2006, Özdemir vd. 2007, Erkan vd. 2011).

3.1. YOĞUŞABİLİR SU BUHARI

Yoğuşabilir su buharı birim alandaki su buharı kütlesi olarak ölçülür. Bu (3.1) eşitliği ile tanımlanmaktadır (Troller 2004).

$$PW\left[kgm^{-2}\right] = \int \rho_w ds \qquad (3.1)$$

Burada; ρ_w; su buharının yoğunluğu [kgm^{-3}] alınır.

GNSS uydularını takip eden her bir istasyondan oluşan GNSS ağından toplam atmosfer gecikmesinin elde edilmesi için toplam gecikmeden iyonosferik gecikme çıkartılmalıdır. Bu da çift bantlı GNSS alıcıları tarafından kaydedilen L1 ve L2 GNSS sinyallerinin karşılaştırılması ile iyonosferik gecikmenin hesaplanması sonucunda troposferik gecikmenin elde edilmektedir. Hidrostatik gecikme barometrik basınç, sıcaklık ve nem değerlerinden hesaplanması ile elde edilmektedir. Islak zenit gecikmesinin hesaplanması için toplam troposferik gecikmeden hidrostatik gecikme çıkartılmaktadır. Yoğuşabilir su buharı miktarının, ıslak zenit gecikmesi kullanılara ya nümerik modellerle ya da istatistiksel/analitik sıcaklık modelleri ile elde edilebilmektedir. Yoğuşabilir su buharı miktarı (mm), doğrusal olarak PWV değeri ile orantılı olan Islak Zenit Gecikmesi değeri temel alınan GNSS verileri ile elde edilebilmektedir (Bevis vd. 1994).

$$PWV_{GNSS}=ZWD_{GNSS}*\prod(T_m) \qquad (3.2)$$

(3.2) eşitliğindeki $\prod(T_m)$ değeri atmosferik sıcaklığa (T_m) bağlı olarak değişebilen bir sabit olarak kabul edilir ve genelde 0,15 olarak kullanılmaktadır. Yoğuşabilir su buharı miktarı (PWV) ise PWV_{alt}+$PWV_{üst}$ olarak iki terimin toplamı şeklinde bulunmaktadır. Birinci terim olan PWV_{alt}, (3.3) eşitliğinde olduğu gibi radyosonda verisinin $\prod(T_m)$ sabiti ile çarpılaması ile elde edilmektedir.

$$\prod(T_m) = \frac{10^6}{\rho_v R_v\left(\frac{k_3}{T_m}+k_2-\varepsilon * k_1\right)} \quad \text{(Askne ve Nordius1987)} \qquad (3.3)$$

$$T_m = \frac{\int \frac{e}{T} ds}{\int \frac{e}{T^2} ds} \quad \text{(Davis,vd.1985)} \qquad (3.4)$$

(3.4) eşitliğindeki T_m değeri Davis, vd. (1985)'te verdiği ortalama atmosferik sıcaklık değeridir. Diğer çalışmalarda kullanılan farklı T_m değerleri aşağıdaki gibidir.

Çizelge 3.1 Geçmişte belirlenmiş bazı T_m modelleri.

Tm eşitliği	**Özelliği**
$T_m = 70.2 + 0.72T_s$	(Bevis, vd. 1992), Alaska Bölgesi için T_m, RMS ~ 4.7K
$T_m = -31.5 + 1.07T_s$	(Liou, vd. 2001), Taivan için T_m, RMS ~ 1,6 K
$T_m = 83.0 + 0.673T_s$	(Baltink, vd. 2002), Hollanda için T_m, RMS ~ 2,7 K
$T_m = 190 + 0.32T_s$	(Bock, vd. 2008), Afrika için T_m, RMS ~ 3,6 K

Yukarıda ki formüllerde geçen parametreler sırasıyla, R_v = 461.495 [J.kg-1.K-1] Su buharının gaz sabiti, k_2' = 70,4 ± 2,2 [K/hPa] (Bevis vd. 1994), k_3 = 3.739 ± 0.012 [105 K^2/hPa] (Bevis vd. 1994), T_m = ağırlıklı ortalama yüzey sıcaklığı (Davis vd. 1985) açıklanabilir. İkinci terim olan $PW_{üst}$, radyosonda işlemi ile ölçülemeyen atmosferin üst kısımlarını simgelemektedir. Islak Zenit Gecikmesi (ZWD) olarak da adlandırılan gecikme, Islak Olmayan Zenit Gecikmesi (ZHND) değerinin $\prod_{üst}$ değeri ile çarpılması sonucunda (3.5) eşitliğindeki gibi elde edilmektedir.

$$PWV_{RS}=ZWD_{RS}*\prod_{alt}+ZHND_{üst}*\prod_{üst} \quad (3.5)$$

Troposferdeki su buharı miktarının kestirilmesi için (Çizelge 3.2); radyosondalar (Angell 2000), su buharı gradimetreleri, güneş spektrometreleri (Sierk 2001), rüzgar hızı profil radarları (Gossard vd. 1999a, Gossard vd. 1999b), radyometreler (Pacione vd. 2002, Serafini vd. 2012), nem ölçerler gibi çok sayıda sistem ve yöntemden yararlanılmaktadır.

Çizelge 3.2 Su buharı miktarının elde edilmesinde kullanılan başlıca yöntemler (Mockler 1995).

Gözlem Türü	Ölçüm Sistemi	Avantajları	Dezavantajları
Uydular	Kızılötesi Sensörü (örn. TOVS) Susskind, vd. (1984) Masunaga, vd.	Sensörler, geniş alanlara ait tüm kolon boyunca su buharı ve düşey profil bilgisi sağlar.	Düşey çözünürlük düşüktür. Veriler bulutsuzluk gerektirir ve bölgesel farklar oluşabilir.
	Mikrodalga Sensörü (örn. SMMR, SSM/I) Prabhakara, vd. (1988) Sahoo, vd. (2011)	Sensörler, geniş alanlara ait tüm kolon boyunca su buharı bilgisi sağlar ve bulutlardan çok etkilenmez.	Düşey çözünürlük düşüktür. Veriler buzul okyanus bölgelerinde sınırlıdır.
	Güneş tutulması yöntemleri (bkz. SAGE II) Rind, vd. (1993) McLinden, vd. (2010)	Stratosfer ve üzerine ait küresel nem verisi elde edebilme, yüksek doğruluk ve yüksek düşey çözünürlük sağlar.	Kapsama alanı bulutluluk ile sınırlıdır. Tropik bölgelere ait örnekleme düşüktür.
	GPS radyo sinyali tutulması (Gps uydularının LEO uydusu üzerindeki GPS alıcısı ile etkileşimi)	Troposferin üst kısımlarına ait göreceli olarak iyi sıcaklık, nem, basınç ve su buharı verisi sağlar.	Yaygınlaşma aşamasındadır.

Uçak Starr ve Melfi (1991); Kelly, vd. (2003)	Araştırma ve özel sektör uçaklarına bütünleşik özel donanımlar bulunur. Bunların arasında nemölçer, diferansiyel emilimli LIDAR ve kapasitif sensörleridir. Collins, vd. (1997)	Araştırma uçakları istenilen zamanda istenildiği bölge üzerinde veri toplayabilir. Özel sektöre ait uçaklar ile yapılan ölçümlerinde yaygınlaşması küresel kapsamda veri sağlar.	Araştırma görevleri pahalıdır dolayısıyla veri miktarı sınırlıdır.
Balonlar	Rutin radyosonda balonları ile yapılan gözlemler. Lityum klorür higristör ve insan saçı içeren nemölçerler. Elliott ve Gaffen (1991) Park, vd. (2012)	Donanımlar pahalı fakat ölçüm maliyeti çok düşük. Yaklaşık 1930 senesinden beri kullanılmasının yanında o zaman ki verilere bile ulaşım kolay. Küresel anlamda yaklaşık 1000 istasyonda günde bir ile dört kere veri toplanmaktadır. Verilerin düşey çözünürlüğü troposferin alt kısımlarında kullanışlıdır.	Troposferin üst kısımlarında very kalitesi düşerken stratosferde çok düşüktür. Ölçümün kalitesi havanın aşırı nemlilik veya kuruluk durumuna göre düşer. Donanımların farkları ve her ülkenin kendi veri çözümlemesinden dolayı küresel anlamda verileri birleştirmek kimi zaman zordur.
	Araştırma sondaları (örn. Donma noktası nemölçerleri) Oltmans ve Hofmann (1995) Hurst, vd. (2011)	Nem gözlemlerinin kalitesi yüksektir. Veri kapsamı radyosondanın yükseklik limitlerini aşar.	Donanımlar pahalıdır. Bu yüzden gözlemler çok az istasyondan yapılmaktadır.
	Referans radyosondaları Dabberdt, vd. (1995)	Yüksek kalitedeki gözlemler, aktif olarak çalışan diğer ölçüm sistemleri ve arazi deneyleri ile karşılaştırma amaçlı kullanılabilir.	Donanımlar, normaldeki radyosondalara göre daha pahalıdır.
Yer tabanlı sensörler	Rutin yüzey meteorolojik gözlemler. Donanımlar arasında çiğ damlası higrometresi, ıslak ve kuru bağıl nemölçer sayılabilir. Middleton ve Spilhaus (1953)	Bol miktarda ve yüksek kalitede küresel veri bulunabilir. Gözlemler günde en az bir kere kimi zaman daha sık yapılmaktadır.	Konumsal kapsam söz konusu değil ve veriler yalnızca dünya yüzeyi ile sınırlı.

	Yer tabanlı su buharı radyometreleri Bevis, vd. (1992) Teke, vd. (2013)	Yüksek hassasiyete sahip su buharı ölçümleri	Donanım çok pahalıdır ve yatay çözünürlüğü çok düşüktür. Hava koşulları radyometrelerin ölçümünü etkilemektedir. Örnek olarak yağış anında ölçüm yapılamaz.
	Raman LIDAR, diferansiyel emilimli LIDAR Whiteman, vd. (2013)	Sensörler, düşey ve zamansal çözünürlüğü yüksek ve kaliteli veri sağlar.	Sistemler pahalıdır ve deneyimli operatöre ihtiyaç vardır.
	Yer tabanlı GNSS alıcıları Bir sonraki bölümde detaylıca anlatılacaktır.	Su buharının küresel anlamda yüksek doğruluklu ve mükemmele yakın zamansal çözünürlükle gözlemlenebilmesi.	Gelişmiş ülkelerde iyi çözünürlük sağlanırken fakir veya gelişmemiş bölgelerde düşük düşey çözünürlük sağlanır. Yatay çözünürlük kurulan GNSS ağ altyapısına bağlıdır.

3.1. UYGULAMA

Jeodezik uygulamalarda GNSS yöntemi ile toplanan ölçülerin değerlendirilmesinde genellikle ticari yazılımlar kullanılmaktadır. Ticari yazılımlar ile çözülebilen baz uzunlukları sınırlıdır. Günümüzde kullanılan bu tür yazılımlarla değerlendirilebilen en uzun baz büyüklüğü genellikle 1000 kilometrenin altındadır. Ayrıca bu yazılımlar kullanıcıya çok az müdahale seçeneği sunmaktadır. Ticari yazılımlar uzun baz çözümlerinde standart tanımlama kısıtlamalarından dolayı çözüm üretemezler. Diğer bir ifade ile uzun baz çözümleri için geliştirilen matematiksel yaklaşımlar ve kullanılan modeller ticari yazılımlara henüz entegre edilememiştir. Bu yaklaşım ve modellerin kullanıldığı ve çok daha uzun bazların çözümüne olanak sağlayan yazılımlar bilimsel (akademik) yazılımlar olarak adlandırılır ve bilimsel amaçlı akademik çalışmalarda yaygın olarak kullanılmaktadırlar.

Ticari yazılımlarda özellikle iyonosfer ve troposfer kaynaklı hataların giderilmesi için yalnızca ön tanımlı kimi modellerle kullanılmaktadır. Bu modeller aracılığı ile kullanıcı iyonosferik veya troposferik etkilerin sonuca etkisini göremez. Fakat bilimsel (akademik) yazılımlarda iyonosferik modellenmesi için farklı modeller ve bu modellerin kabul aralıkları, hata payları kullanıcının tercihine sunulmaktadır. Troposferik zenit gecikmesinin belirlenmesi için farklı modeller ve izdüşüm fonksiyonları kullanılabilirken elde edilecek zenit gecikmelerinin zamansal çözünürlüğüde kullanıcıya bırakılmaktadır.

Uygulamalarında akademik yazılım tercih eden kullanıcılar birçok parametreye dikkat etmelidir. Farklı modeller kullanan yazılımlar problemlere farklı yaklaşmaktadırlar. Bu programlarla ulaşılan doğruluk düzeyleri yalnızca algoritmada kullanılan matematik modele bağlı değildir. Yazılımlar verileri değerlendirmede otomatik ve elle çözüm seçenekleri sunmaktadır.

Değerlendirme aşamasında, kurulan ağlar için oturumlara ilişkin referans noktalarının seçiminde veri kaybına yol açmaması açısından baz seçimine özen gösterilmelidir. Uzun yörünge hesabında düşük sayıdaki bilinmeyen parametre ile gerçekleştirildiğinden uygun görünmektedir. Fakat yörüngeler uzadıkça bozucu kuvvetler modellendirilememesi sonucunda etkileri de artmaktadır. Yüksek doğrulukla baz belirlemede faz başlangıç bilinmeyeninin çözümü büyük önem taşımaktadır. Değerlendirmelerin ilk adımında istasyon koordinatları, istasyonlara ait zenit gecikmeleri, atmosfer gradyentleri ve yerküre dönme parametreleri GNSS faz ölçmelerinden elde edilir. Bu aşamada değerlendirmeye her periyotta uygun sayıda IGS istasyonu dâhil edilerek bölgesel ve küresel ağın ilişkilendirilmesi sağlanır. Bu adımda hiçbir parametreye zorlama uygulanmaz.

Akademik GNSS yazılımlarına örnek olarak ABD'de MIT'de geliştirilen GAMIT/GlobK, yine ABD'de JPL'de geliştirilen GYPSY ve İsviçre'de Bern Üniversitesinde geliştirilen BERNESE verilebilir (Özlüdemir 2006).

Çalışma kapsamında BERNESE ve GAMIT/GlobK yazılımlarının farklı stratejiler kullanılarak zenit gecikmeleri ve sonrasında yoğuşabilir su buharı miktarları kestirilmiştir. GAMIT/GlobK yazılımında ki Met_Util modülü ile birlikte GPT (Global Pressure and Temperature) ve Bevis vd. (1994)'in geliştirmiş olduğu T_m modeli kullanılmasından dolayı birden fazla akademik yazılım ile zenit gecikmeleri ve sonrasında yoğuşabilir su buharı değerleri hesaplanarak BERNESE yazılımından elde edilen sonuçlar ile karşılaştırma yapılmıştır. Böylece hem iki farklı yazılımdan elde edilen koordinat ve zenit gecikmesi değerleri karşılaştırılırken hemde yoğuşabilir su buharı miktarları birden fazla yöntem ile hesaplanabilmiştir.

Global basınç ve sıcaklık modelinde (GPT); ölçülen atmosferik parametreler standart atmosferin lineer bağıntıları kullanılarak

$$\begin{aligned} p &= p_r\left(1-0.0000226\left(h-h_r\right)\right)^{5.225} \\ dT/dh &= -0.0065°C/m \end{aligned} \tag{3.6}$$

bağıntıları (Eşitlik 3.6) kullanılmıştır (Böhm and Heinkelmann 2007). Burada; p, h yüksekliğindeki basınç ve p_r, ortalama deniz seviyesi yüksekliği h_r'deki basınç değeridir. Ortalama deniz seviyesindeki atmosferik parametreler uygun enterpolasyon yöntemleriyle modellenerek grid noktalarındaki değerler hesaplanır. Global basınç ve sıcaklık modelinde 15°x15°'lik küresel gridler alınmıştır. GPT'de, üç yıl için, her bir grid noktasında aylık ortalama basınç ve sıcaklık değerleri hesaplanmıştır. Grid noktalarındaki veriler, iki boyutlu küresel harmonik fonksiyon;

$$F(\varphi,\lambda)=\sum_{n=0}^{9}\sum_{m=0}^{n}P_{nm}(\sin\varphi)\left[A_{nm}\cos(m\lambda)+B_{nm}\sin(m\lambda)\right] \tag{3.7}$$

Eşitlikteki (3.7), φ = jeodezik enlem, λ = jeodezik boylam, P_{nm} = Legendre polinomu, A_{nm} ve B_{nm} = harmonik katsayılar, anlamındadır (Böhm and Heinkelmann 2007). Herhangi bir noktanın enterpolasyon ile Eşitlik: 3.7 kullanılarak hesaplanan deniz seviyesindeki basınç ve sıcaklık değeri Eşitlik: 3.6 ile "nokta yüksekliği"ne yükseltilerek kullanılmaktadır. Bir sonraki alt başlıkta uygulamada kullanılan yazılımlar hakkında bilgiler verilmiştir.

3.1.1. GAMIT/GLOBK ile yapılan değerlendirmeler

Değerlendirme aşamasının Gamit kısmı temel çıktısı, parametre tahmini ve kovaryanslarından oluşan gevşek koşullu bir çözüm dosyasıdır. Bu dosya, sonrasında nokta koordinatlarının, hızlarının, uydu yörüngesi ve yer dönme parametrelerinin belirlenebilmesi için GLOBK aşamasında kullanılmaktadır.

Parametre tahmini sırasında L1 ve L2 faz gözlemlerinin çiftli farkları üretilmiş, iyonosferden bağımsız lineer kombinasyonları kullanılarak her gün için ağırlıklandırılmış en küçük kareler çözümleri oluşturulmuştur. Koordinat kestirimleri, zenit gecikmeleri ve gerçek tamsayı bilinmeyeni çözülmüş, saat ve iyonosfer hataları elemine edilmiştir. Sonrasında autcln, solve ve track modülleri sayesinde, artık hatalar, faz kayıklıkları onarılmıştır. AUTCLN modülü faz kayıklıklarını %99 oranda temizleyebilmektedir.

Günlük zorlamasız çözümler için üretilen parametreler her noktanın 3 boyutlu Kartezyen koordinatlarını, her uydu için 6 yörünge elemanını, yer yönlendirme parametrelerini ve tam sayı faz belirsizliklerini kapsamaktadır.

Gamit yazılımında günlük çözümlerin üretilmesi aşamasında çeşitli kontrol tabloları kullanılmaktadır. Değerlendirme aşamasında kullanılacak bu tablolardaki parametreler, kullanıcı tarafından değiştirilebilmektedir. Bu parametreleri içeren *sesstbl* (session Table) ve *sittbl* (Site Control Table) dosyaları çok önemlidir. Bu dosyalarda değerlendirme stratejisinin temelleri atılır ve sonuçlar buradaki parametrelere göre üretilir. Bu dosyalardan *sesstbl* dosyası Gamit ile GNSS verilerini değerlendirmenin felsefesi olarak strateji belirlenir. Çizelge 3.3'de *sesstbl* dosyasındaki bazı önemli parametreler verilmiştir. Bu parametreler çalışma kapsamında da aynı şekilde kullanılmıştır.

Çizelge 3.3 GAMIT uygulamasının sestbl dosyasındaki parametreler.

Parametre	**Tercih edilen değer**
Choice of Experiment	RELAX
Interval Zenith Delay	2 saat aralıklarla
Zenith Constraints	0,50
Yükseklik (eğim) açısı	10 derece
Uygulanan Yüklenme Etkileri	63 (tümü)
Output Met	Evet
Kuru ve ıslak izdüşüm fonksiyonu	VMF1/GMF/NMF

Her iki saatte bir zenit gecikmesi hesaplaması için "Interval Zen" seçeneği 2 olarak belirlenmiştir. Diğer bir önemli parametre ise "Tides applied" seçeneğidir. Bu kısımda örnek olarak okyanus yüklemesini modellenmek istemezse, parametre karşılığına 23 değeri yazılması gerekir veya tüm etkilerin dahil edilmesi isteniyorsa bu kısım 63 olarak işaretlenir. Okyanus modellemesi de istenirse "otl.grid" dosyası yazılımın kullanım kılavuzunda belirtilen linklerden indirilmeli ve çalışma dosyasındaki gerekli dosya ile arasında link kurulmalıdır.

Diğer önemli parametre seçim dosyası ise *sittbl* dosyasıdır. Bu dosyada "IGS core stations" kısmında sırası ile kuzey-güney, doğu-batı ve yükseklik bileşenlerinin verileri girilmiştir. Değerlendirmede GLOBK kullanılmayacaksa, dayalı dengeleme yapabilmek için datum tanımında kullanılacak IGS istasyonları buraya yazılmalıdır. Güvenirliği yüksek istasyonlara yüksek doğruluk verilmelidir. İstasyon ve uydu koordinatları sıkı bir şekilde belirlenmez. Gamit çözümlerinde baz bileşenleri çok yüksek doğrulukla belirlenir ve yine bu çözümlerde referans sistemi tanımlı değildir.

Gamit yazılımı ile değerlendirme sonucunda oluşturulan h-Dosyaları GLOBK için temel girdiyi oluşturmaktadır. Günlük serbest çözümler oluşturulduktan sonra, ITRF2000 koordinatları ve hızları hassas olarak bilinen rijit levhalardan seçilen IGS noktalarının koordinatları sabit alınarak GLOBK"nın "glorg" modülü sayesinde datum tanımlaması yapılmıştır. GNSS alıcılarının faz merkezi bilgileri NGS'ten temin edilmiş, "rcvant.dat" ve "antmod.dat" dosyaları güncellenerek değerlendirmeler gerçekleştirilmiştir.Çalışmanın bu kısmında Massachusetts Teknoloji Enstitüsü tarafından geliştirilen ve desteklenen GAMIT/GlobK yazılımı kullanılarak GNSS verilerinin değerlendirilmesi yapılmış ve toplam troposferik gecikmeler hesaplanmıştır. Bu hesaplamalarda kullanılması için oluşturulan ağda 112Y350 numaralı TÜBİTAK-ÇAYDAĞ Projesi kapsamında İstanbul (GISM) ve Ankara (GANM) şehirlerinde bulunan radyosonda istasyonlarına yakın olacak şekilde kurulan (Şekil 3.1) sabit GNSS ölçüm istasyonlarına ait veriler kullanılmıştır. Bunun yanı sıra IGS ve Regional Reference Frame Sub-Comission for Europe EUREF Network (EPN) bulunan istasyonlardan yararlanılmıştır (Şekil 3.2). İstasyon isimleri aşağıdaki gibidir.

- IGS (Zeck, Onsa, Hert, Ramo, Mets, Ankr, Bucu, Drag, Gope, Ista, Medi, Mikl, Nico, Orid, Tubi, Yebe)
- EPN (Aut1, Baca, Dub2, Duth, Igeo, Larm, Noa1, Pat0, Srjv, Tuc2, Cost)

Şekil 3.1 Çalışma kapsamında kurulan GNSS alıcıları (Sol; GISM, Sağ; GANM)

Bu GNSS istasyonları seçilirken öncelikle Ankara (GANM) ve İstanbul (GISM)'da bulunan GNSS alıcıları merkezinde olmasına dikkat edilmiştir. Fakat Türkiye'nin güneyinde çok sayıda istasyon olmaması ağın geometrik olarak tamamlanmamış olmasına sebep olmuştur. Yapılan ön değerlendirmeler sonucunda kullanılan istasyonların güvenilirliğinden dolayı sonuçlarda milimetre altı farklarla karşılaşılmıştır. Sonuç olarak istasyonların seçimi, en yakın ve güvenilir istasyonların seçilmesinin ardından Budapeşte Teknoloji ve Ekonomi Üniversitesi'nden Doç. Dr. Szabolcs Rozsa'nın da tavsiyeleri üzerine ağa orta ve batı Avrupa'dan da istasyonlar eklenerek tamamlanmıştır. Bu GNSS istasyonlarına ait gözlem verileri Bundesamt für Kartographie und Geodäsie (BKG)'nin web sitesinden elde edilmiştir. Değerlendirmenin amacı farklı izdüşüm fonksiyonlarının PWV değerleri elde edilmesindeki başarılarının karşılaştırılması ve atmosferik, okyanus gel-git hareketinin PWV değerleri üzerindeki etkisinin araştırılmasıdır (Çizelge 3.4).

Çizelge 3.4 Değerlendirme stratejileri.

Değerlendirme	**İzdüşüm Fonksiyonu**	**Okyanus Gel-Git**	**Atm. Tidal Yüklenme**	**Atm. Non-Tidal Y.**
A	VMF1	Var	Var	Var
B	VMF1	Var	Yok	Yok
C	VMF1	Yok	Var	Var
D	GMF	Var	Var	Var
E	NMF	Var	Var	Var

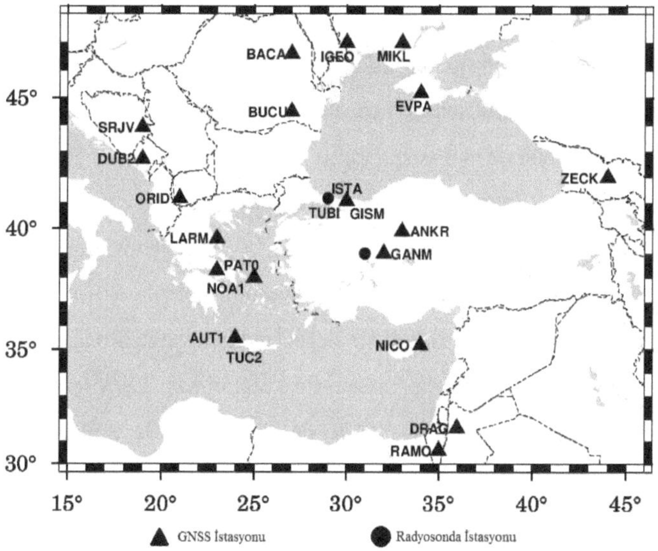

Şekil 3.2 Değerlendirmede kullanılan GNSS ve Radyosonda istasyonları.

Yapılan çalışmada 2013 senesinin Ekim ayından itibaren 2014 Ağustos ayına kadar tüm veriler farklı stratejiler ile değerlendirilmiş ve uygulama sonucunda GPT (Global Pressure and Temperature) modeli kullanan GAMIT/GlobK ile PWV değerleri elde edilmiştir (Şekil 3.3).

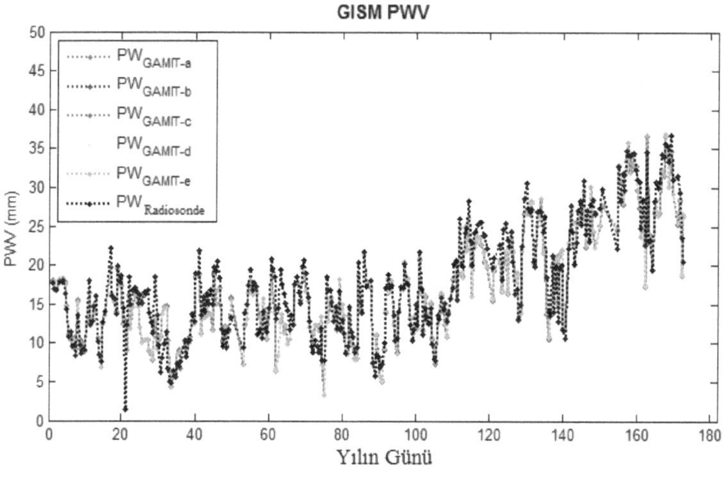

Şekil 3.3. Tüm stratejilerin Radyosonda PWV değerleri ile karşılaştırılması.

Karşılaştırmalar sonucu en başarılı iki stratejinin A (Vienna İzdüşüm Fonksiyonu) ve E (Niell İzdüşüm Fonksiyonu) olduğu kanısında varılmıştır. Kimi zaman maksimum ve minimum değerler çok yüksek olsa da rms ve standart sapmalar karşılaştırıldığında Niell İzdüşüm Fonksiyonu kullanan stratejinin değerlendirme genelinde başarılı olduğu görülmüştür (Şekil 3.4). Bu sonuçların gerçek meteorolojik veriler kullanılarak yapılması durumu da incelenmiştir. Bu değerlendirmeye ait bilgiler bir sonraki bölümde detaylıca anlatılacaktır. Değerlendirmelerde asıl öncelik koordinat hesaplamalarına verilmiştir. Standart bir değerlendirme sonrasında öncül koordinat değerlerinden elde edilen zenit gecikmelerinin kullanılması PWV hesaplarına büyük ölçüde yansımaktadır. Dolayısı ile PWV değerlerinin elde edileceği günlere ait koordinatlar bir önceki haftaya ait 7 günlük değerlendirme ile minimum zorlamalı dayalı dengeleme sonucunda elde edilen soncul koordinatlar kullanılmıştır.

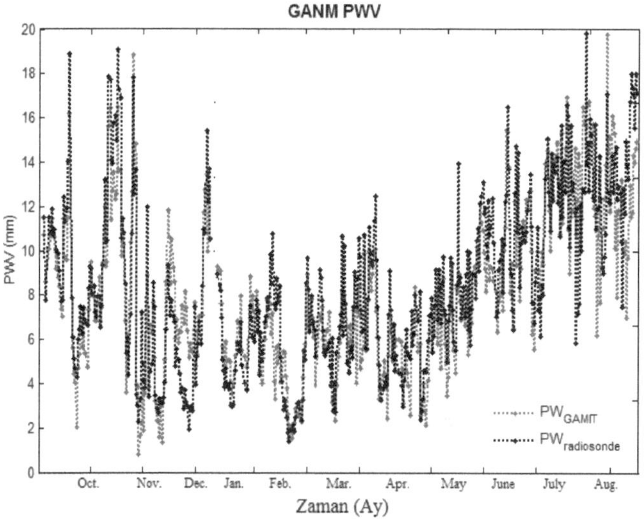

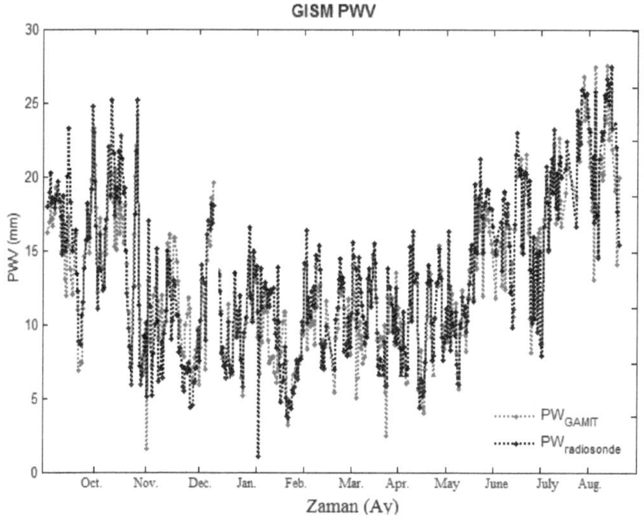

Şekil 3.4 Değerlendirme sonucunda GISM ve GANM istasyonu için en başarılı kabul edilen Niell İzdüşüm Fonksiyonu ile elde edilen değerlerin Radyosonda ile elde edilen PWV değerleri ile karşılaştırılması.

Şekil 3.4'te kırmızı renkli çizgiler Gamit yazılımı ile elde edilen PWV değerlerini gösterirken siyah çizgiler radyosonda ölçümleri sonucunda elde edilen PWV değerlerini simgelemektedir. Grafiğin yatay ekseni ay cinsinden zamanı temsil ederken, düşey eksen ise milimetre cinsinden PWV değerini göstermektedir.

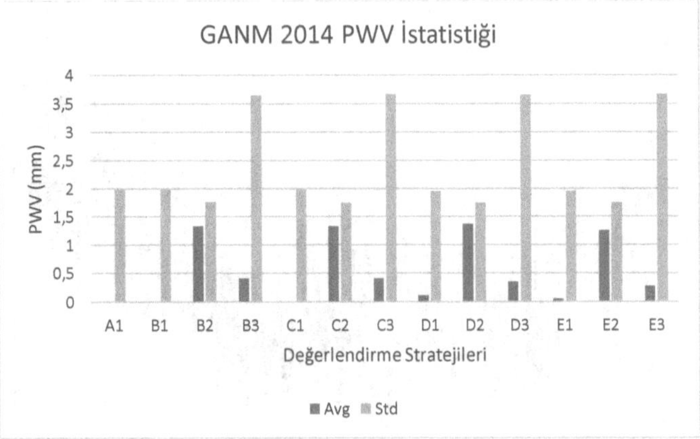

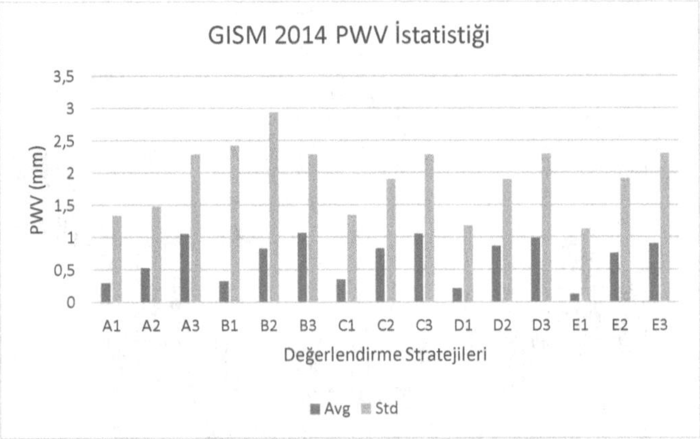

Şekil 3.5 GANM ve GISM istasyonlarında yapılan değerlendirme sonuçlarının istatistiği (1 Ocak'tan itibaren 60'ar günlük değerlendirmeler yapılmıştır.)

Şekil 3.5'te mavi kolonlar PWV değerlerini elde etmede kullanılan değerlendirme stratejisi ile gerçek radyosonda ile elde edilen PWV değerlerinin ortalama farkları gösterirken, sarı kolonlar elde edilen PWV değerlerinin standart sapmalarını göstermektedir. Grafiklerdeki yatay eksen Çizelge 3.4'de gösterilen değerlendirme stratejilerini gösterirken, düşey eksen milimetre cinsinden PWV değerlerini temsil etmektedir. Grafikteki kolonların sayısal değerleri tam olarak Çizelge 3.5'te bulunmaktadır.

Çizelge 3.5 GANM istasyonunun 2013 senesine ait değerlendirme sonuçlar istatistiği.

GANM	A	B	C	D	E
Sdt.sap. (mm)	1,835	1,826	1,832	1,797	1,794
Ort. (mm)	0,188	0,195	0,208	0,217	0,147
Min. (mm)	-4,580	-4,580	-4,480	-4,480	-4,460
Max. (mm)	5,090	5,100	5,140	5,060	4,990
GISM	**A**	**B**	**C**	**D**	**E**
Sdt.sap. (mm)	2,224	2,232	2,221	2,222	2,221
Ort. (mm)	0,192	0,086	0,094	0,117	0,052
Min. (mm)	-4,530	-4,500	-4,470	-4,410	-4,410
Max. (mm)	6,080	5,960	6,100	6,040	5,960

Uygulamada kullanılan Ankara (GANM) ve İstanbul (GISM) istasyonlarının yerleri özellikle belirlenip belirli şartlar göz önünde bulundurulmuştur. Bu öncelikler sırasıyla radyosonda istasyonlarına yakınlık, iklimsel durum, coğrafi konum olarak sayılabilir. 2013 ve 2014 yılları içerisinde yapılan değerlendirmeler sonucunda Şekil 3.5'de görüldüğü gibi en başarılı strateji Niell İzdüşüm Fonksiyonu kullanılarak elde edilmiştir.

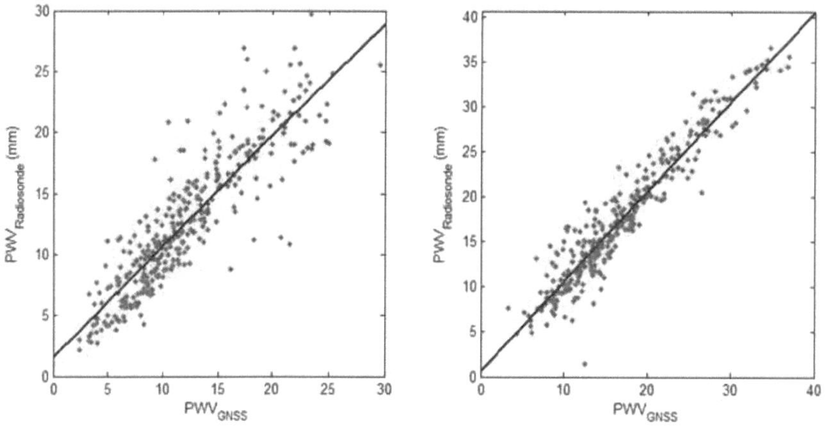

Şekil 3.6 GISM ve GANM istasyonlarından elde edilen PWV değerlerinin Radyosonda PWV trend çizgisine göre dağılımı.

Uygulama sonucunda Niell İzdüşüm Fonksiyonu ile elde edilen PWV değerleri Radyosonda ile elde edilen değerlerle karşılaştırıldığında dağılımın Radyosonda değerlerine ±1-2 mm doğrulukla uyuştuğu görülmektedir (Şekil 3.6). Grafikteki kırmızı noktalar GNSS ölçümleri sonucunda elde edilen PWV değerlerini temsil ederken, siyah çizgi radyosonda ile elde edilen PWV değerlerinin trend çizgisini göstermektedir. Grafiğin yatay ve düşey eksenlerindeki PWV değerleri milimetre cinsindendir.

3.1.2. Bernese ile yapılan değerlendirmeler

Bernese yazılımı ile değerlendirme yapılırken iki tür dosya grubuna gereksinim duyulmaktadır. İlk grup değerlendirme sürecinde yararlanılan genel dosyalardan, ikinci grup ise çözüme konu olan zaman dilimine ait olan hassas yörünge, saat düzeltmesi, atmosferik düzeltmeler vb. dosyalardan oluşmaktadır.

İlk grupta yer alan genel dosyaların bir kısmı yazılımla birlikte yüklenirler ve güncellenmelerine gerek duyulmaz. Uydulara ilişkin hataları içeren "CRX" uzantılı dosyalar, anten faz merkezi kayıklıklarını içeren "PHAS_IGS.REL" dosyası, alıcı türlerini içeren "RECEIVER" ve yörüngedeki uydu bilgilerini içeren "SATELLIT" vb. dosyalar ise yazılım geliştiricileri tarafından düzenli olarak güncellenmektedir. Değerlendirmeler sırasında bu dosyaların güncel sürümleri ile çalışılmıştır.

Yoğuşabilir su buharı miktarının belirlenmesi için öncelikle hesaplanması gereken troposferik zenit gecikmesi (ZTD) değerleri Bernese v5.0 yazılımı ile hesaplanabilmektedir. Sonrasında geçmiş çalışmalarda geliştirilen (Deniz ve Mekik 2013) ve halen geliştirilmeye devam eden radyosonda analiz algoritması ve T_m modelinden yararlanılarak yoğuşabilir su buharı miktarı belirlenmiştir. Bu işlemler iki ana parçadan oluşan bir strateji ile değerlendirilmiştir. Bunlar öncelikle bir haftalık gözlem verilerinden yararlanılarak yüksek hassasiyete sahip koordinatların belirlenmesi (Çizelge 3.6) ve sonrasında bu koordinatlar sabit alınarak ZTD değerleri hesaplanmıştır.

Çizelge 3.6 Bernese v5.0 dengeleme özeti.

Dengeleme Tipi	Minimum Zorlamalı
Referans Noktaları	GRAZ, BRST, ONSA, ZECK, RAMO
Obje Noktası Sayısı	20
Öncül Standart Sapma (m_o)	1
Soncul Standart Sapma (s_0)	1,2-1,6

Bu değerlendirmede de Şekil 3.2'de gösterilen IGS ve EPN istasyonlarından yararlanılırken aynı zamanda TÜBİTAK-ÇAYDAĞ 112Y350 numaralı proje kapsamında İstanbul (GISM) ve Ankara (GANM)'ya kurulan GNSS istasyonlarına ait verilerden yararlanılmıştır. Değerlendirme için gereken gözlem verileri (Sopac, Bkg), iyonosferik veri, efemeris bilgileri (Bern) internet sitelerinden indirilmiştir (Çizelge 3.7). Değerlendirme tüm adımlarında otomatik değerlendirme şeklinde yapılmıştır. Bu sebeple öncelikle gerekli değerlendirme strateji dosyaları (.PCF) hazırlanmıştır (Şekil 3.7 ve Şekil 3.8).

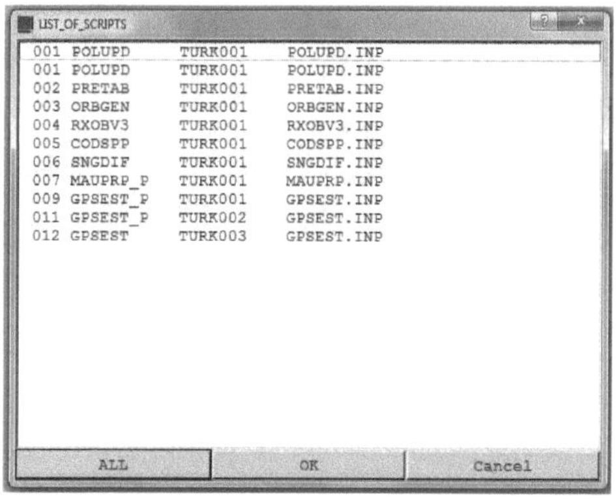

Şekil 3.7 Koordinat hesaplamalarında kullanılan PCF dosyası içeriği.

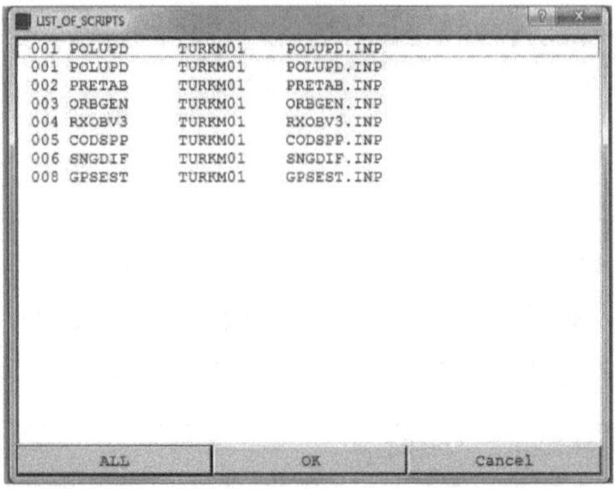

Şekil 3.8 Toplam zenit gecikmelerinin belirlenmesinde kullanılan PCF dosyası içeriği.

Değerlendirme yapılacak güne özel, o gün öncesindeki bir haftalık veriden elde edilen koordinatların öncül ve soncul varyansları, elde edilen koordinatın karesel ortalama hata değerleri kontrol edilip bir sonraki adıma geçilmiştir (Şekil 3.9). Şekilde A priori olarak görülen öncül ve a posteriori olarak belirtilen soncul varyans değerleri görülmektedir. Aynı zamanda İstanbul'da bulunan GISM istasyonunun dengeleme sonucundaki kartezten koordinatları ve öncül koordinatlara getirilen düzeltmeler belirtilmiştir. Hesaplamalar sonucunda belirtilen koordinatların RMS (root mean square) değerleri de belirtilmiştir.

```
A PRIORI INFORMATION
--------------------
A priori sigma of unit weight: 0.0010 meter

A posteriori RMS of unit weight            0.00127 meter
Chi**2/DOF                                    1.61

Sol Station name         Type Correction Estimated value  RMS error  A priori value   Unit
-------------------------------------------------------------------------------------------
  1 GISM GISM               X    -0.2086     4215451.9981     0.0002     4215452.2067 meters
  1 GISM GISM               Y     0.1138     2351738.2036     0.0001     2351738.0898 meters
  1 GISM GISM               Z     0.0356     4155055.6391     0.0002     4155055.6035 meters

Station coordinates and velocities:
----------------------------------
Reference epoch: 2013-12-25 12:00:00

GISM GISM       X        4215452.2067        4215451.9981        -0.2086      0.0002
                Y        2351738.0898        2351738.2036         0.1138      0.0001
                Z        4155055.6035        4155055.6391         0.0356      0.0002

                U             71.9220             71.8496        -0.0725      0.0003      0.0003
                N       40 54 41.730788     40 54 41.734353       0.1101      0.0001      0.0001
                E       29  9 23.392704     29  9 23.401294       0.2005      0.0001      0.0001
```

Şekil 3.9 Koordinat hesaplamaları örnek sonuç dosyası.

Çizelge 3.7 Bernese yazılımı ile yapılan değerlendirmelerde kullanılan parametreler.

Değerlendirme parametreleri	**Değerlendirme stratejileri**
Ağ yapısı	Maksimum ortak gözleme göre (Obs-Max*)
Uydu yükseklik (eğim) açısı	10°
İstasyon koordinatları	ITRF 2008 referans ağı (Ölçüm epoğu)
Anten faz merkezi kayıklıkları	PHAS_COD.I08**
İyonosfer	İyonosferden bağımsız lineer kombinasyonu (L3)
Sinyal belirsizlikleri	Kuazi-iyonosfer bağımsız (QIF) stratejisi
Öncül model***	Saastamoinen modeli ile kuru Niell izdüşüm fonksiyonu
İzdüşüm fonksiyonu	Islak Niell izdüşüm fonksiyonu (1 saat aralıklı)
ZTD kestirimleri	1'er saatlik dilimler

*Obs-Max stratejisinde ağın bazlarını, kullanılan istasyonlara ait maksimum ortak gözlemlerin sayısına göre oluşturulur.

**Anten faz merkezi kayıklıklarını atx (anten bilgisi değişim formatı) formatında PHAS_COD.I08 dosyasında tutulur ve sık sık güncellenir.

*** Bernese 5.0 yazılımında troposfer modellemesi;

$$\Delta\varrho_k^i(t,A,z) = \Delta_{\varrho_{apr,k}}(z_k^i) + \Delta^h\varrho_k(t)f(z_k^i) \quad (3.6)$$

(3.6) eşitliği ile hesaplanır ve bu formüldeki $\Delta\varrho_k^i$ troposferik yol gecikmesini, $\Delta_{\varrho_{apr,k}}(z_k^i)$ terimi öncül modele göre eğik gecikmeyi, $\Delta^h\varrho_k(t)f(z_k^i)$ zenit yol gecikmesi ve ona bağımlı izdüşüm fonksiyonunu simgelemektedir. Bu yüzden öncül model ve kuru izdüşüm fonksiyonu ile hidrostatik (kuru) gecikme hesaplanırken, ıslak gecikme ise ıslak izdüşüm fonksiyonları yardımıyla kestirilmektedir. Koordinat hesaplamalarının ardından değerlendirme işlemlerinin ikinci adımı olarak belirlenen toplam zenit gecikmelerinin belirlenmesi için gerekli işlemler yapılmıştır. Elde edilen çıktı dosyalarından (Şekil 3.10) alınan değerler toplanılmıştır. Sonrasında radyosonda analizi algoritmasına aktarılması için bu değerler Matlab programına aktarılmıştır. Meteoroloji Genel Müdürlüğü'nden alınan radyosonda istasyonlarına ait gerçek meteorolojik verilerden yararlanılarak yoğuşabilir su buharı miktarları hesaplanmıştır. Şekilde belirtilen değerler, değerlendirmenin ilk bölümünde yüksek hassasiyete sahip koordinatların hesaplanmasının ardından değerlendirmenin ikinci bölümünde bu koordinatların sabit (fixed) olarak alınması sonucu elde edilen troposferik parametrelerdir.

```
L1&L2 Ambiguity resolution using QIF (Day: 17726)                 18-AUG-14 12:01
-----------------------------------------------------------------------------------------
 A PRIORI MODEL:  -16   MAPPING FUNCTION:    4   GRADIENT MODEL:    1   MIN. ELEVATION:    5

 STATION NAME     FLG   YYYY MM DD HH MM SS   YYYY MM DD HH MM SS   MOD_U   CORR_U  SIGMA_U TOTAL_U

 GISM GISM         F    2013 12 28 00 00 00                         2.2877  0.08662 0.00070 2.37428
 GISM GISM         F    2013 12 28 02 00 00                         2.2877  0.08590 0.00046 2.37357
 GISM GISM         F    2013 12 28 04 00 00                         2.2877  0.06928 0.00046 2.35694
 GISM GISM         F    2013 12 28 06 00 00                         2.2877  0.06369 0.00042 2.35135
 GISM GISM         F    2013 12 28 08 00 00                         2.2877  0.06960 0.00041 2.35727
 GISM GISM         F    2013 12 28 10 00 00                         2.2877  0.06191 0.00048 2.34957
 GISM GISM         F    2013 12 28 12 00 00                         2.2877  0.05926 0.00059 2.34692
```

Şekil 3.10 Bernese v5.0 örnek troposferik çıktı dosyası.

Temsili olarak verilen bu şekilde GISM istasyonun 28.12.2013 tarihinine ait 2'şer saat aralıklarlarla öncül troposferik gecikmenin (MOD_U), öncül troposferik gecikmenin düzeltmesi (CORR_U), öncül troposferik gecikmenin varyansını ve düzeltmeler getirilerek belirlenmiş yüksek doğruluklu troposferik gecikmeyi (TOTAL_U) simgelemektedir. Hesaplanan tüm bu toplam zenit gecikme değerleri (Çizelge 3.8) radyosonda analiz algoritması ile elde edilen zenit gecikmeleriyle karşılaştırılmıştır (Şekil 3.11 ve Şekil 3.12).

Çizelge 3.8 Değerlendirme sonucunda elde edilen ZTD istatistiği.

2013 ZTD farkları (m)	Minimum	Maksimum	Ortalama
GANM	-0,013	0,038	0,014
GISM	-0,042	0,036	0,011
2014 ZTD farkları (m)	Minimum	Maksimum	Ortalama
GANM	-0,035	0,072	0,013
GISM	-0,032	0,039	0,013

Şekil 3.11 ve Şekil 3.12'de görülen kırmızı çizgiler BERNESE yazılımı ile elde edilen zenit gecikmeleri simgelerken, açık yeşil renkli çizgiler radyosonda analiz algoritması ile elde edilen zenit gecikmelerini temsil etmektedir. Grafiklerin düşey eksenleri metre cinsinden zenit gecikmelerini simgelerken, yatay eksen yılın günlerini göstermektedir.

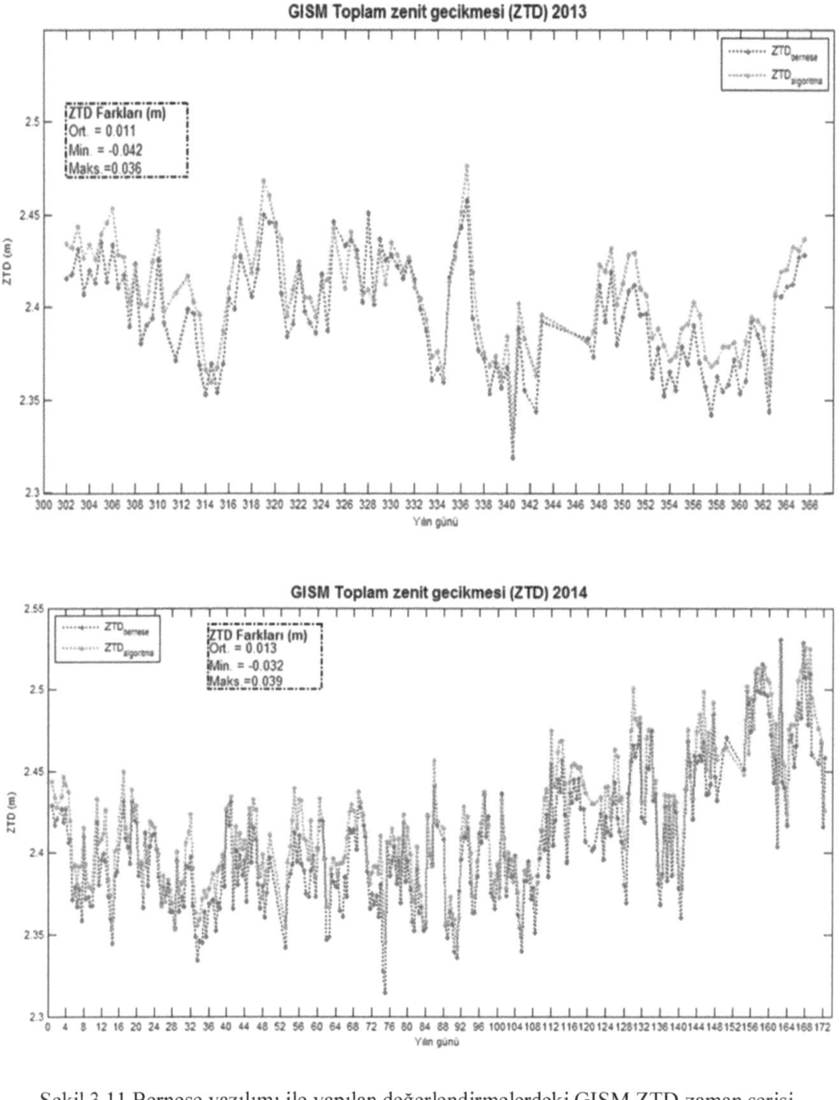

Şekil 3.11 Bernese yazılımı ile yapılan değerlendirmelerdeki GISM ZTD zaman serisi.

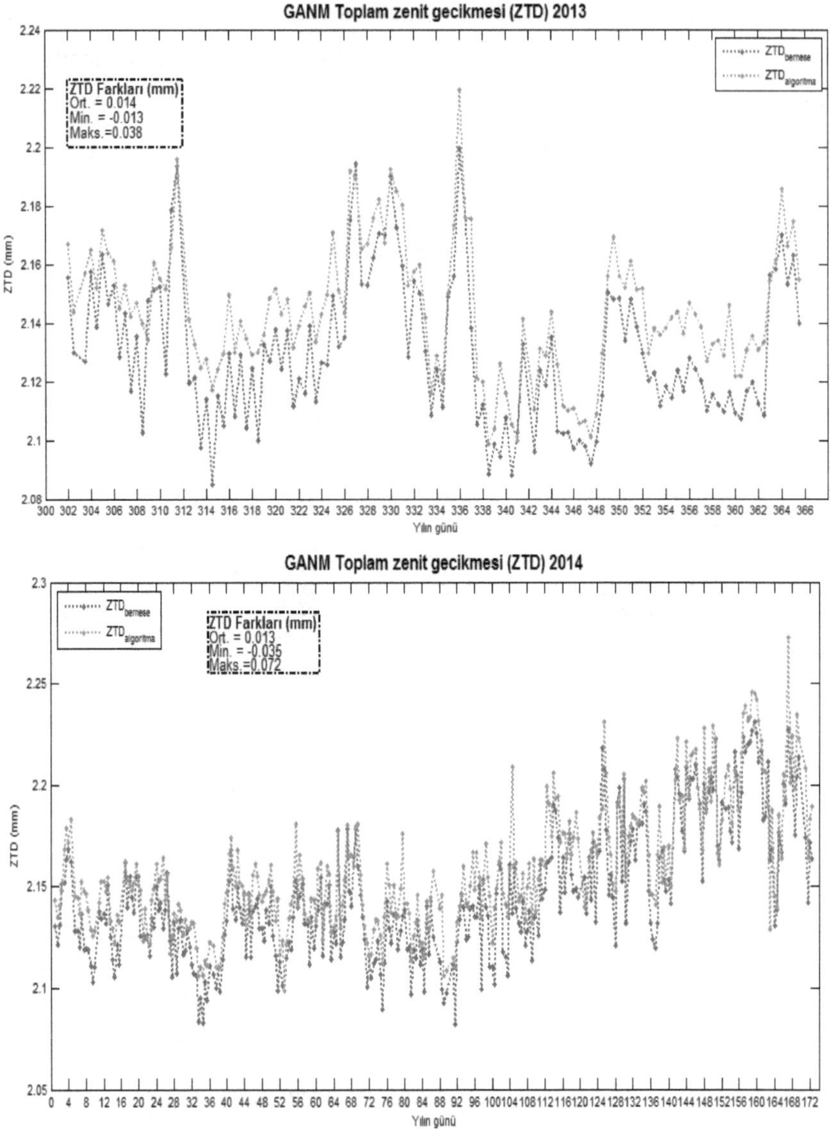

Şekil 3.12 Bernese yazılımı ile yapılan değerlendirmelerdeki GANM ZTD zaman serisi

Değerlendirmeye PWV değerlerinin elde edilmesi ve bu değerlerin T_m modeli, Radyosonda PWV değerleri ile karşılaştırılması ile devam edilmiştir (Şekil 3.13 ve Şekil 3.14).

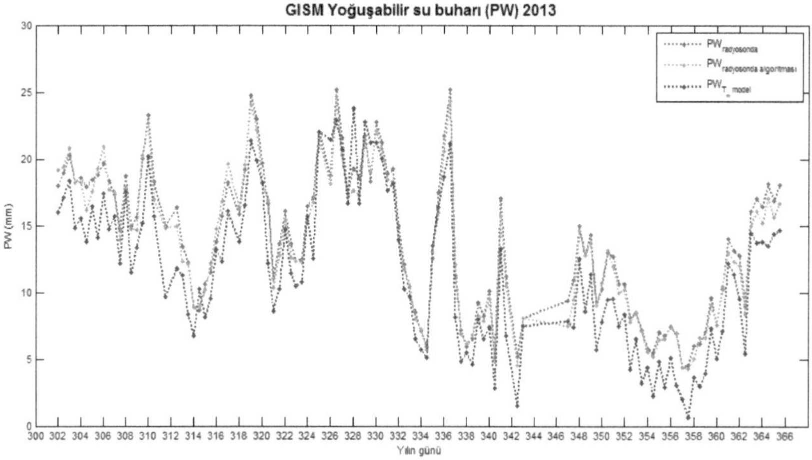

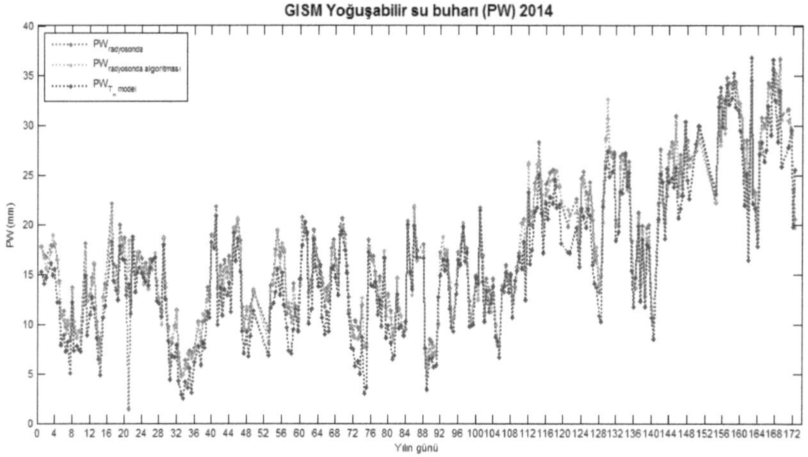

Şekil 3.13 GISM istasyonuna ait PWV değerlerinin zaman serisinde karşılaştırılması.

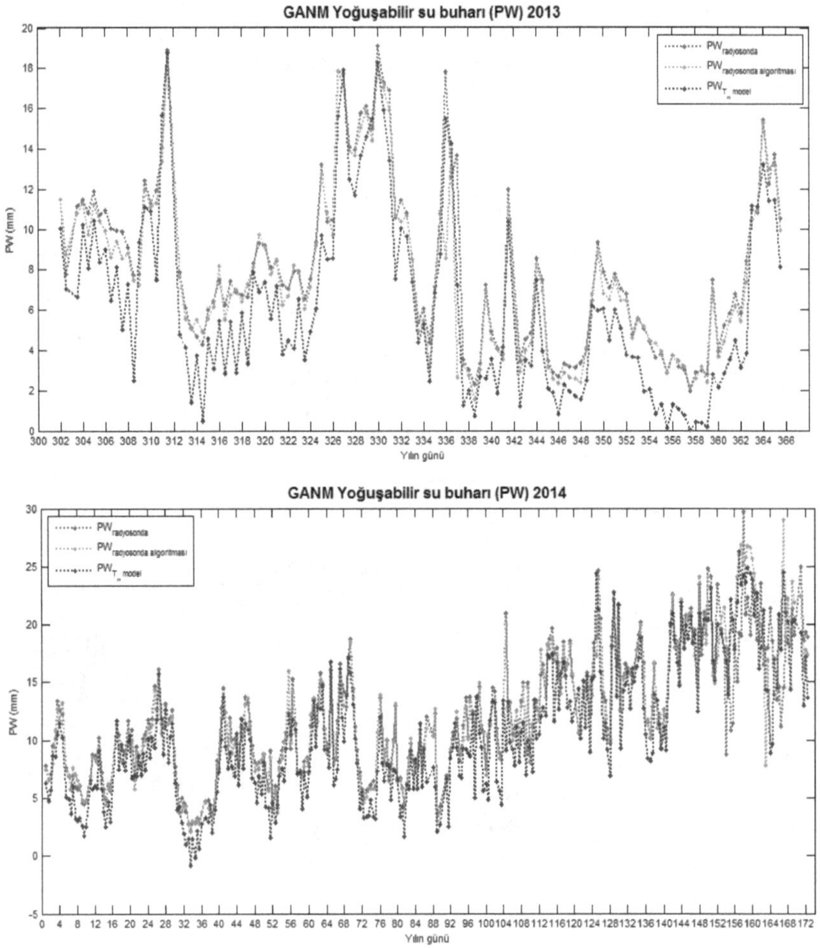

Şekil 3.14 GANM istasyonuna ait PWV değerlerinin zaman serisinde karşılaştırılması.

Şekil 3.13 ve Şekil 3.14'te gösterilmiş kırmızı çizgiler radyosonda ile elde edilmiş PWV miktarlarını simgelerken, yeşil çizgiler radyosonda analiz algoritması ile elde edilen PWV miktarlarını temsil etmektedir. Mavi çizgiler BERNESE değerlendirmeleri sonucunda elde edilen ZTD değerlerinin T_m modelinde kullanılması sonucunda elde edilen PWV miktarlarını göstermektedir. Grafiklerin yatay eksenleri yılın günlerini temsil ederken, düşey eksenleri elde edilen PWV değerleirni göstermektedir. Grafiklerde açıkça görüldüğü gibi yaz aylarına yaklaştıkça ve yaz aylarında PWV değerlerinde kimi sapmalar belirlenmiştir. Bir sonraki bölümde bu konu üzerinde değilnilmiştir.

Çizelge 3.9 Değerlendirme sonucunda GANM istasyonundan elde edilen PWV istatistiği.

2013 PWV farkları (mm)	Minimum	Maksimum	Ortalama
Algoritma	-1,386	11,003	0,449
T_m-model	-1,712	6,393	2,025

2014 PWV farkları (mm)	Minimum	Maksimum	Ortalama
Algoritma	-14,449	11,669	0,082
T_m-model	-11,372	12,593	1,528

Değerlendirmeler sonucunda radyosonda değerleri ile ±1-2 mm mertebesinde uyuşan sonuçlara ulaşılmıştır (Çizelge 3.9). T_m modelinin geliştirilmesi ile bu sonuçlarında daha da iyileşmesi beklenmektedir. Çizelge 3.9'da görüldüğü gibi 2014 yılında özellikle 2014 senesinin maksimum ve minimum değerleri beklenin üstünde bunun sebebi olarak ilkbahar sonrasında PWV değerlerinde sapmalar, sıçramalar olmasıdır. Bir sonraki bölümde bu konuda detaylı bilgi verilecektir.

BÖLÜM 4

ANALİZ ve DEĞERLENDİRME

Çalışma kapsamında GAMIT/GlobK ve BERNESE v5.0 akademik GNSS yazılımları ile yapılan değerlendirme sonuçlarının radyosonda ile elde edilen PWV değerleri ile karşılaştırılmasının yanı sıra elde değerler kullanılarak mevsime bağlı değişim ve yüklenme etkileri üzerine analizler yapılmıştır. Çalışmanın bir diğer amacı ise günümüze kadar Türkiye'de yoğuşabilir su buharı üzerine yapılan çalışmalar yetersiz görülmesidir. Dünya'da 1980'lerden itibaren GNSS gözlemleri ile yoğuşabilir su buharı üzerine çalışmalar yapılmaktadır. Buna örnek olarak Bevis vd. (1984)'te "GPS Meteorology" kavramı üzerine yapılan tüm çalışmalar gösterilebilir. Günümüüze kadar gerçekleştirilen çalışmalarda PWV değerlerini karşılaştırılması veya iklim üzerine çalışmalar konularına yoğunlaşılmıştır. Bu konuda Türkiye'nin çok geri kaldığı düşünülmektedir. Örnek olarak Dousa 2001 yılında çalışmasında gerçeğe yakın zamanlı PWV kestirimi yapabilmişken, Türkiye'de günümüze kadar böyle bir sistem gerçekleştirilememiştir.

Bu çalışma kapsamında öncelikle elde edilen su buharı miktarlarının mevsimsel değişimi sonrasında bu değerler elde edilirken kullanılan parametrelerden atmosfer ve okyanus gel-git etkileri araştırılmıştır.

4.1. SU BUHARI MİKTARININ ZAMANA BAĞLI DEĞİŞİMİ

Mockler (1995), çalışmasında 1973 ile 1990 yılları arasında uzun süreçli troposferik su buharı değişiminin küresel olarak belirlemiş ve yoğuşabilir su buharı miktarında bir artıştan söz etmiştir. En büyük değişimlerin her on yılda %13 artışla ekvator kuşağında olduğunun altını çizmiştir. Kuzey Amerika kıtasında 1973 ile 1993 yılları arasında yapılan tüm radyosonda gözlemleri sonucunda Kanada'nın kuzeyi ve doğusu hariç tüm Kuzey Amerika'da yoğuşabilir su buharı miktarında artış olduğu görülmüştür (Şekil 4.1). Bölgelerdeki nem oranının artışının o bölgenin aynı dönemdeki sıcaklık artışına bağlarken, nem oranındaki düşüşün ise aynı dönemdeki sıcaklık düşüşü ile ilişkilendirilmiştir (Pottiaux vd. 2014). Jin (2009), yaptığı çalışmada 1994 ile 2007 yılları arasında 2 saatlik çözünürlüğe sahip IGS verileri ve 3 saatlik yüzey meteorolojik gözlemlerini kullanarak su buharı klimatolojisini ve değişkenliğini incelemiştir. Mevsimsel değişim açısından kuzey yarımkürede azami PWV değeri haziran – ağustos ayları arası, güney yarımkürede ise ocak – şubat ayları arası görülmüştür. En büyük değişimlerin orta enlemlerde yaklaşık 10–20 ± 0,5 mm olarak kaydedilmiş ve en küçük farkların ise kutup ve ekvator bölgelerinde yaklaşık 5 ± 0,5 mm olarak görülmüştür. Şekil 4.1'deki sol taraftaki düşey eksenler milimetre cinsinden bias değerlerini, sağ taraftaki düşey eksenler ise rms değerlerini göstermektedir. Yatay eksenlerin tümü mevsimleri göstermektedir. Yarımküre olarak incelendiğinde ise yaz ve kış aylarında güney yarımkürede çok büyük bir fark oluşmaz iken kuzey yarım kürede 10mm'den büyük farklar oluştuğu görülmüştür. Fakat bu karşılaştırma kuzey ve güney yarımkürede bulunan GNSS istasyon sayısı göz önünde bulundurulmalıdır (Jin 2009).

Pacione ve Vespe (2007)'nin çalışmalarında gece/gündüz ikili dağıtım farkları tespit edilmiştir. İkili her istasyon için radyosonda profillerini kullanarak gece yarısı ve öğlen GNSS ZTD değerlerin farklarını ve gece gündüz standart sapmalarını hesaplamıştır. Öğle vakti yapılan GNSS ve radyosonda ölçümleri gece yarısı yapılan ölçümlere nazaran daha büyük farklara sahip olsa da bu iki ölçüm vakti arasında anlamlı bir standart sapma farkı bulunamamıştır. Bu ikili dağıtımın gece ve gündüz arasındaki farkları Haase vd. (2003)'nin çalışmasında tartışılmış ve radyosonda ölçümlerinde (WMO 1996) görülen bu gece-gündüz nem farkının, GNSS ölçümleriyle olan nem farkından daha çok radyosonda sensörünün ışınsal sıcaklığından dolayı olduğunu savunmuşlardır. GNSS ve radyosonda değerleri arasındaki benzer ikili model dağılımını Japonya'da Ohtani ve Naito (2000) tarafından, İsviçre'de Guerova vd. (2005) ve Fransa'da Van Baelen vd. (2005) tarafından incelenmiştir. Gece/gündüz farklarının yanı sıra Pacione ve Vespe (2005) ve Vey vd. 2014) mevsimsel verilerden elde edilen değerlerin zaman serilerine bakıldığında yaz mevsiminin standart sapmasının kış mevsimine göre daha büyük olduğunu saptamışlardır (Şekil 4.2). Aylık ZTD standart sapma değerleri kış aylarında 5 mm yükselirken, yaz aylarında 15 mm yükselmektedir. Bunun dışında Tuchband and Rózsa (2007) yaz ve kış dönemi sonuçlarının karşılaştırılmasında ıslak gecikmelerin artık değerlerinin kış döneminde daha küçük olduğu açıkca görülmektedir.

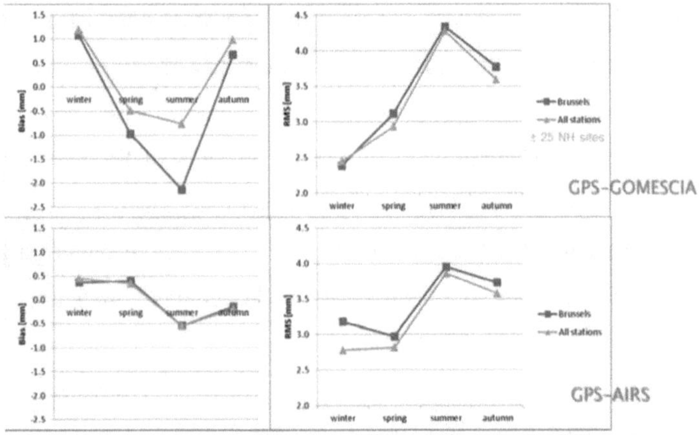

Şekil 4.1 Mevsimsel değişime bağlı olarak değişen PWV farkı gösterimi (Pottiaux vd. 2014).

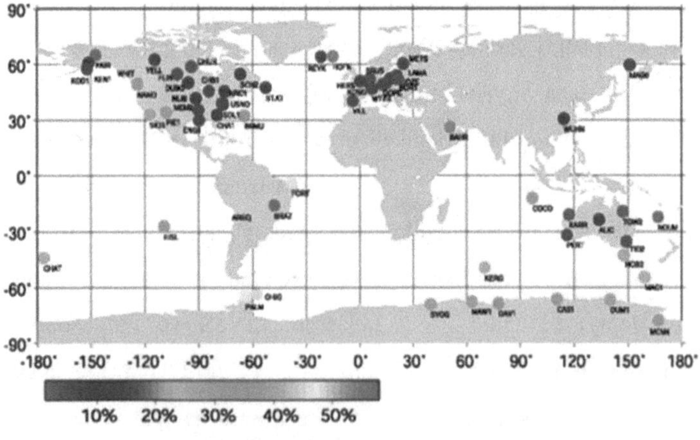

Şekil 4.2 NCEP (The National Centers for Environmental Prediction)' den elde edilen mevsimsel sinyaller ile PWV' deki bağıl hata (Vey et al. 2014).

Bu bilgiler ışığında yapılan değerlendirmelerde GISM ve GANM GNSS istasyonlarına ait verilerdeki mevsimsel değişimler ve gün içerisindeki PWV değerleri değişimleri incelenmiştir. Şekil 4.3 ve Şekil 4.4'te görüldüğü gibi karasal iklime sahip Ankara GANM istasyonu için mevsimsel değişimler çok keskin ve fazla değilken iklimi daha nemli ve iki tarafı denizlerle çevrili İstanbul GISM istasyonunda kış dönemi ve yaz dönemi arasındaki farklar çok büyüktür.

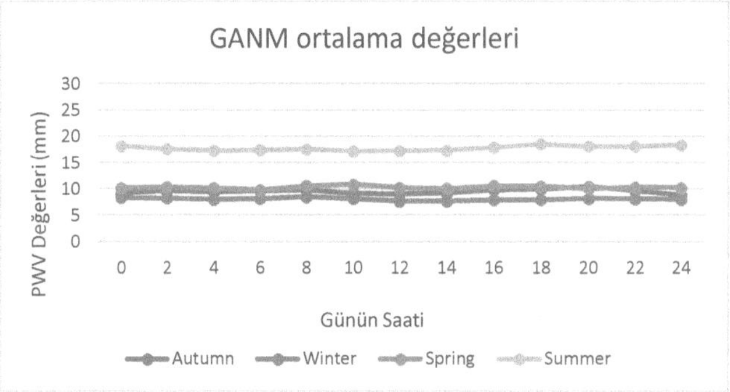

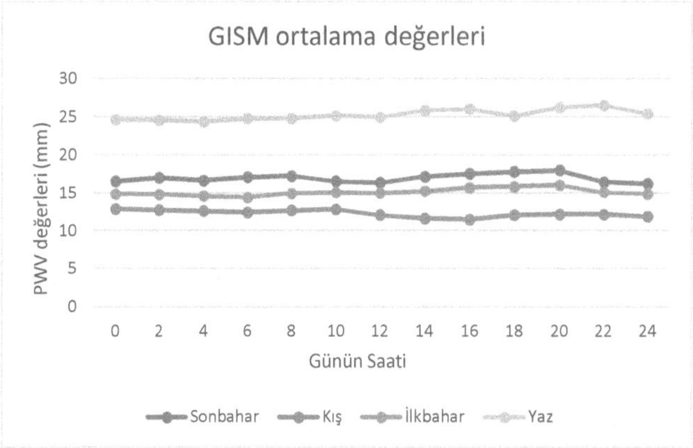

Şekil 4.3 GANM ve GISM istasyonuna ait ortalama PWV değerleri.

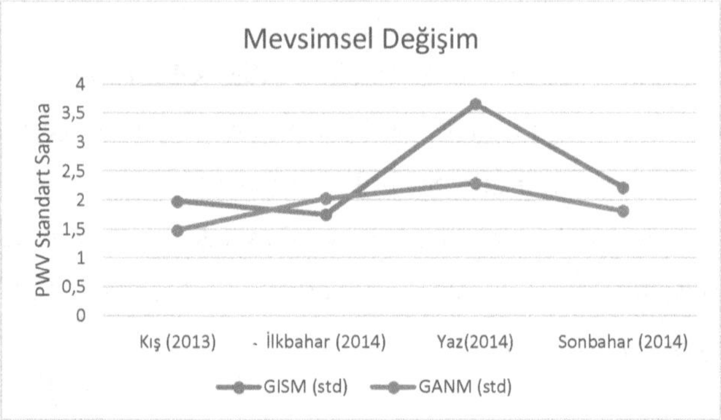

Şekil 4.4 GISM ve GANM istasyonlarının her mevsimdeki standart sapma değerleri.

Rozsa ve Tuchband (2007) bu farkın kış döneminde troposferin daha az miktarda su buharı içermesi ve yaz dönemine göre kışın hava koşullarının daha kararlı olmasından kaynaklandığını belirtmiştir.

4.2. ATMOSFERİK ve ATMOSFERİK OLMAYAN YÜKLENME ETKİSİ

Sabit bir GNSS istasyonu, istasyonun yükseklik değerinde periyodik olarak değişime sebep olan ve okyanus gel-gitlerinden kaynaklanan litosferik yükleme etkisinden dolayı yer değiştirmeye maruz kalmaktadır (Scherneck 1991). Bu periyodik yükleme etkileri, yarı-günlük, günlük, aylık, altı aylık ve yıllık olarak adlandırılmaktadır. Günlük verilerin etkisi göz ardı edilebileceğinden ve yükseklik verisi ile ZTD değeri arasında yüksek bir ilgileşim olduğu için aylık ve üstü periyodik yüklemeler dikkatle modellenmelidir.

Bu sebeple Pacione ve Vespe (2003) tarafından yapılan çalışmada biri okyanus yükleme düzeltmesini içeren diğeri ise içermeyen iki farklı fakat birbirine paralel GNSS çözümlemesi yapılarak okyanus yükleme etkisi araştırılmıştır.

Tregoning ve van Dam (2005) tarafından yapılan çalışmada gel-git ve gel-git olmayan (tidal and non-tidal) atmosferik basınç yüklemesinin (ATML), gözlem seviyesinde veya günlük ortalama düzeltme seviyesinde uygulanması araştırılmıştır. İkili ATML'nin gözlem seviyesinde uygulanmasının, yükseklik WRMS (ağırlıklı kareler toplamının kökü) değerini günlük ortalama düzeltme sırasında uygulanmasından daha iyi düşürdüğünü kesin olarak göstermiştir. İkili aynı zamanda Ponte ve Ray (2002)' in günlük ve yarı-günlük atmosferik tide değerlerinin çıkartılarak uygulanan yaklaşımının kullanılarak gerçek bir non-tidal ATML modeli üretilmesinin henüz mümkün olmadığını göstermiştir.

Okyanus yüklemesi, troposferik gecikme hesaplanmasına uygulanmadığındaki etki çok büyüktür. Günlük ve yarı-günlük frekansların ZTD üzerindeki toplam etkisi birkaç milimetre olmakla birlikte eğer modellenmez ise ZTD zaman serilerinin içerisinde atmosferik kırınımdan kaynaklanmayan, istenmeyen ve periyodik bir sinyal oluşmaktadır (Pacione and Vespe 2008). Bu bağlamda olarak Akdeniz gibi okyanusa uzak yerlerde bile okyanus yükleme etkisi göz ardı edilmez (Pacione and Vespe 2003). Dragert vd. (2000)'ın çalışmasında günlük yükleme etkileri uygulanmadan yapılan çözümlemelerde günlük toplam zenit gecikmelerin de 10 mm'ye kadar farklar oluşturduğu görülmüştür. Bu fark da birkaç milimetrelik PWV değerine karşılık gelmektedir. Hatanaka vd. (2001)'in çalışmasında ise kuzeybatı Japonya'da yapılan ölçümlerde yükleme etkisinin oluşturduğu farkın yaklaşık olarak 1cm olduğu görülmektedir.

Atmosferik basınç yüklemesinin (ATML) Dünya yüzeyinde deformasyona sebep olduğu uzun zamandır bilinmektedir. Bu gibi deformasyonlar GNSS zaman serilerinde (van Dam vd. 1994, Dong vd. 2002) ve Çok Uzun Bazlı İnterferometri (VLBI) analizlerinde gözlemlenmiştir (van Damand Herring 1994, MacMillan and Gipson 1994, Petrov and Boy 2004).

Bu sebeple yazarlar ölçüm istasyonlarının günlük çözümlerini yaparken ATML için düzenlenmiş ve 24 saatlik ortalamalarının alındığı verileri kullanmışlardır (Zerbini vd. 2004; Scherneck vd. 2003).

Bu yaklaşım, çözümleme yapılan zaman aralığı boyunca deformasyon lineer ise ve aynı zamanda çözüm aralığında gözlemlenen uydu sayısı her epok başına sabit kalıyorsa yeterlidir. Diğer bir yandan ATML sinyalinin yüksek frekanslı bileşenleri yıllık ve 6 aylık periyotlarda birikme yapabilmektedir (Penna and Stewart 2003, Stewart vd. 2005). Fakat ortalama değerler bölgenin gerçek hareketini temsil etmeyebilir ve bunun sonucu olarak günlük ortalama yaklaşımı, gözlem seviyesinde düzeltme uygulanması açısından yetersiz olabilmektedir.

Geçmişte yapılmış çalışmaların ışığında, GISM ve GANM istasyonundan elde edilen verilerin farklı stratejiler kullanılarak (Çizelge 4.1) gerek okyanus gerekse atmosfer yüklenme etkileri araştırılmıştır. Bu kapsamda 2014 yılının ilk 60 günü değerlendirmeler için kullanılmıştır.

Çizelge 4.1 Yüklenme etkilerinin araştırılması amacı ile belirlenmiş stratejiler.

Strateji	Okyanus Yüklenme	Atm. Tidal Yüklenme	Atm. Non-Tidal Yüklenme
A	Var	Var	Var
B	Var	Yok	Yok
C	Yok	Var	Var

Atmosferik ve okyanussal yüklenme etkileri sonuçlarını gösteren Şekil 4.5'te sırasıyla mavi A stratejisini, kırmızı B stratejisini ve gri C stratejisini göstermektedir. Aynı zamanda düşey eksenin sol tarafı farklı stratejiler sonucunda elde edilen milimetre cinsinden PWV değişimlerini göstermektedir. Yatay eksen ise sırasıyla ortalama, minimum, maksimum ve standart sapma parametrelerini göstermektedir.

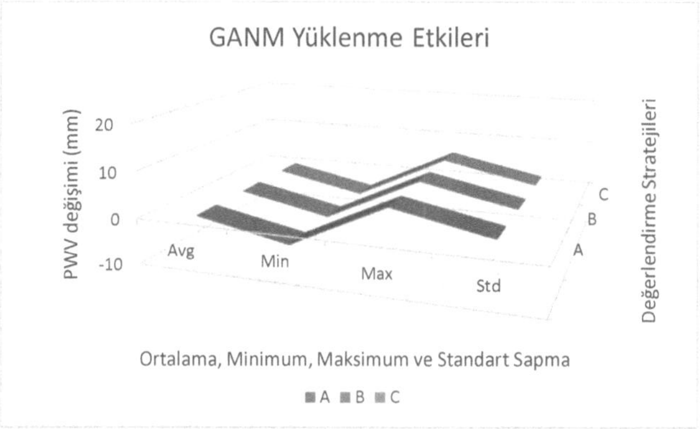

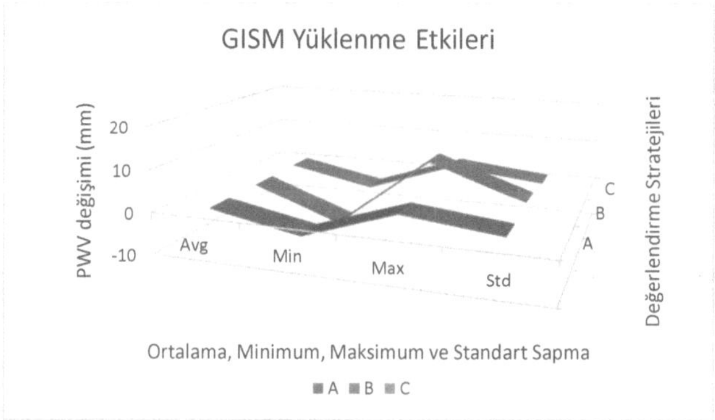

Şekil 4.5 GISM ve GANM istasyonlarında yüklenme etkilerinin istatistiği

Atmosferik yüklenme etkileri, değerlendirilen GNSS istasyonlarının yalnızca coğrafi yerine göre değil, bölgenin iklimine göre değişiklik gösterdiği görülmektedir. Nemli iklime sahip olan İstanbul'daki GISM istasyonunda atmosferik yüklenme etkilerinin 5 mm'yi geçen farklara neden olduğu görülmektedir.

Okyanussal yüklenme etkileri incelendiğinde Karadeniz'e ve Marmara Denizi'ne kıyısı olan İstanbul'da (GISM) bu etki milimetreler seviyesindeyken, denize kıyısı olmayan Ankara'da (GANM) okyanus yüklenme etkisinin milimetrenin altında olduğu görülmektedir.

4.3. AŞIRI HAVA OLAYLARI

Meteoroloji Genel Müdürlüğü'ü radyosonda verilerini elde edemediği (aşırı hava olaylarında; fırtına, yoğun yağış, vs.) durumlarda TÜBİTAK-ÇAYDAĞ 112Y350 numaralı proje kapsamında GNSS teknolojisi ile elde edilen PWV değerlerini kullanmak istemiştir. Bu kapsamda aşağıda özetlenen bilgiler (15 ve 30 dakikalık çözünürlükle farklı değerlendirme stratejileri ile elde edilmiş PWV değerleri) kendilerine ulaştırılmıştır. MGM 19 Haziran 2014 tarihinde uygunsuz hava koşulları nedeniyle elde edemediği PWV değerleri yerine tarafımızca (18-19-20 Haziran) hesaplanan PWV değerlerini istemiştir. İstanbul verisinin yanı sıra aynı durumun söz konusu olduğu 29-30 Mayıs 2014 günleri için Ankara verileri de tarafımızdan elde edilmiş ve MGM'ye teslim edilmiştir (Şekil 4.6 ve 4.7).

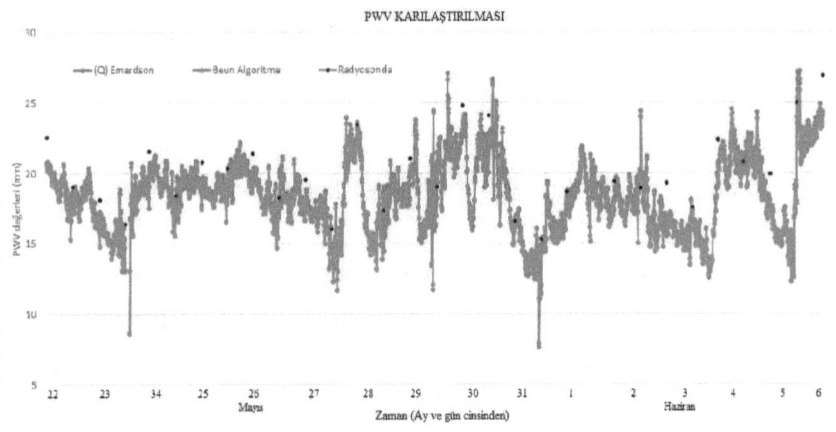

Şekil 4.6 Ankara'ya ait 22 Mayıs – 6 Haziran 2014 arası PWV değerlerinin karşılaştırılması

Grafikte (Şekil 4.6) görülen turuncu çizgiler BERNESE yazılımı ile elde edilen ZTD değerlerinin İlke ve Mekik (2013)'te geliştirdiği ve hala gelişmekte olan T_m modeli ile edilen PWV değerlerini simgelerken, siyah noktalar o güne ait radyosonda ölçümlerinden elde edilen PWV değerlerini göstermektedir. Mavi çizgiler ise bu ZTD değerlerinin (Q) Emardson modeli ile elde edilen PWV değerlerini temsil etmektedir.

Düşey eksen milimetre cinsinden PWV değerlerini gösterirken, yatay eksen Mayıs ve Haziran ayına ait günleri simgelemektedir. Elde edilen değerlerin radyosonda değerleri ile olan ilişkisi Çizelge 4.2'de görüldüğü gibidir.

Çizelge 4.2 Ankara'ya ait değerlendirmelerin istatistiği.

	Min.	Max.	Ort.	Std.Sap.
(Q)Emardson	-6,985	0,715	-1,735	2,36
Beun	-7,209	0,0475	-1,735	2,44

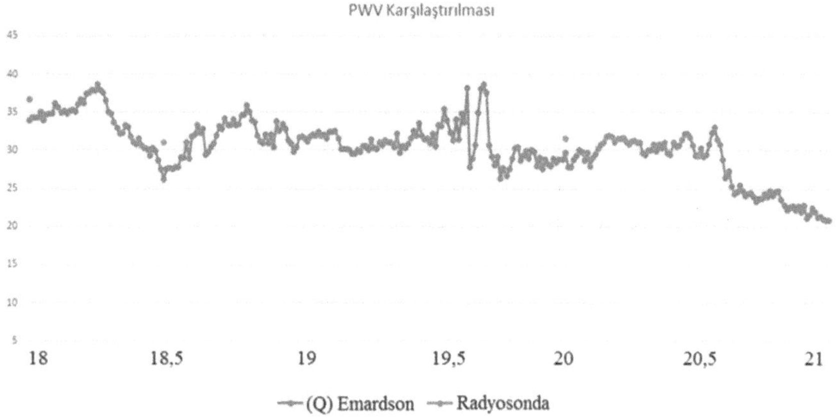

Şekil 4.7 İstanbul'a ait 18-21 Haziran 2014 arası PWV değerlerinin karşılaştırılması.

Çizelge 4.3 İstanbul'a ait değerlendirmenin istatistiği.

	Min	Maks	Ort	Std. Sap.
(Q)Emardson	-4,812	0,031	-2,385	2,94

Grafikte (Şekil 4.7) mavi çizgiler BERNESE yazılımı kullanılarak elde edilen ZTD değerlerini (Q) Emardson modelinde değerlendirerek elde edilen PWV değerlerini gösterirken, turuncu noktalar belirtilen günlerde yapılan radyosonda ölçümleri sonucunda elde edilen PWV değerlerini temsil etmektedir. Grafiğin düşey ekseni milimetre cinsinde PWV değerlerini ve yatay eksen belirtilen günleri simgelemektedir. Yatay eksende bulunan tam sayılar gün içerisinde 00.00'da yapılan gözlemleri, ondalıklı sayılar ise gün içerisinde 12.00'da yapılan radyosonda ölçümlerini göstermektedir. Elde edilen değerlerin radyosonda değerleri ile olan ilişkisi Çizelge 4.3'de görüldüğü gibidir.

BÖLÜM 5

SONUÇ ve ÖNERİLER

Yapılan bu çalışma kapsamında oluşturulan jeodezik ağ GAMIT/GlobK ve Bernese v5.0 akademik GNSS yazılımlarında değerlendirilerek PWV değerleri hesaplanmış ve bu sonuçlar radyosonda değerleri ile karşılaştırılmıştır. Toplam zenit gecikmelerinin hesaplanmasında oluşturulan ağın; noktaların dağılımı ve değerlendirme stratejisinin önemli olduğu görülmüştür. Özellikle BERNESE v5.0 yazılımı kullanılırken farklı baz oluşturma seçenekleri (yıldız; tek referans istasyonu üzerinden ölçüm istasyonlarına çekilen baz profili, en kısa baz; ağ üzerindeki en yakın noktaları birbirine bağlayan baz profili, ön tanımlı baz; kullanıcının kendi belirlediği baz profili) denenmiştir ve en uygun olarak Obs-Max (maksimum ortak gözleme göre oluşturulan bazlar) seçilmiştir. Oluşturulan ağın geometrik yapısı ve değerlendirme stratejilerinin nokta konumuna ve dolayısı ile zenit gecikmelerine etkisi gözlemlenmiş ve en uygun parametreler belirlenmiştir. Bunların bir sonucu olarak, radyosonda verileri ile yapılan karşılaştırmalarda elde edilen sonuçların birbirine oldukça yakın olduğu gözlenmiştir.

Bu değerlendirmeler sonucunda GAMIT/GlobK yazılımı kullanılırken belirlenen tüm stratejiler ile başarılı sonuçlar elde edilmiştir fakat bu sonuçların en başarılıları ±1-2 mm doğrulukla Niell İzdüşüm Fonksiyonu ile (Strateji E) elde edilmiştir. GPT (Global Pressure and Temperature) kullanan GAMIT/GlobK yazılımı ile elde edilen değerler, gerçek meteorolojik veriler kullanılarak Bernese v5.0 yazılımı ile elde edilen değerlere göre daha başarılı olmuştur (Çizelge 5.1). Bu sonuçlar Bernese yazılımının daha başarısız olduğunu göstermemektedir. Elde edilen ZTD değerlerinin doğruluğu Çizelge 3.8'de verildiği gibi oldukça yüksek doğrulukla bulunmuştur. Aynı zamanda kullanılan yazılımların hesapladığı ZTD değerlerine ilişkin istatistiksel değerler Çizelge 5.2'de verilmiştir. Fakat ZTD değerlerini kullanarak PWV değerlerinin elde edilmesinde kullanılan algoritma ve T_m modeli henüz geliştirme aşamasındadır.

Çizelge 5.1 GAMIT/GlobK ve Bernese ile elde edilen PWV değerlerinin karşılaştırılması.

2013 İstatistiği	Minimum	Maksimum	Ortalama
GAMIT (Bevis T_m)	-10,13	5,09	0,05
Beu T_m Modeli	-4,36	4,37	1,43
R. Algoritması	-1,39	1,39	0,30
2014 İstatistiği			
GAMIT (Bevis T_m)	-3,98	6,11	0,28
Beu T_m Modeli	-2,04	6,18	1,51
R. Algoritması	-1,15	1,52	0,33

*Beu T_m modeli ve radyosonda analiz algoritması ile elde edilen PWV değerleri, Bernese v5.0 yazılımı ile yapılan değerlendirmeler sonucunda elde edilen ZTD değerleri kullanılmıştır. Analizler sonucunda okyanus ve atmosferik yüklenme etkileri araştırılmış ve bu etkilerin özellikle daha nemli iklime sahip olan İstanbul (GISM)'da göz ardı edilemeyecek kadar büyük olduğu görülmüştür. Toplam yüklenme etkisinin GISM istasyonu ile elde edilen PWV değerleri üzerinde ±5-6 mm mertebesinde olduğu görülmüştür.

Çizelge 5.2 GAMIT/GlobK ve Bernese ile elde edilen ZTD değerlerinin karşılaştırılması.

GANM İstatistiği	Minimum	Maksimum	Ortalama	Std. Sp.
2013	-0,0393	0,0229	-0,0034	0,0087
2014	-0,0325	0,0373	-0,0028	0,0090
GISM İstatistiği	Minimum	Maksimum	Ortalama	Std. Sp.
2013	-0,0178	0,0113	-0,0025	0,0070
2014	-0,0216	0,0154	-0,0027	0,0065

Yapılan tüm değerlendirmelerde GPT'nin gerçek meteorolojik değerler eş-doğruluklu olduğu anlaşılmıştır. Ayrıca gerçek meteorolojik değerlerin ölçümünde kullanılan donanımların da ölçü hassasiyetlerine dikkat edilmelidir. Bu olumsuzluklara rağmen akademik GNSS yazılımları ile hesaplanan PWV değerleri, Radyosonda ile elde edilen PWV değerleri kadar hassas olduğu anlaşılmıştır. PWV değerlerinin GNSS teknolojisi ile elde edilmesinin klasik radyosonda yöntemine göre avantajları şöyle sıralanabilir;

- GNSS teknolojisi ile PWV değerleri 15dk'lık veya 30dk'lık (gerçeğe yakın zamanlı ölçümler için) zamansal çözünürlüğe kadar elde edilebilmektedir.
- Meteorolojik veri elde edilen her GNSS istasyonunda yüksek doğruluklu PWV değeri elde edilebilmektedir.
- PWV değerleri Radyosonda gözlemleri ile sadece düşey profil olarak elde edilebilirken GNSS teknolojisi ile (GPS Tomografisi) 3 boyutlu olarak elde edilebilmektedir.
- PWV değerleri radyosonda gözlemleri ile sadece günde iki defa (hava şartları uygun olduğunda) elde edilebilmektedir.
- PWV değerleri radyosonda gözlemleri ile Türkiye'de sadece sekiz istasyondan (Şekil 2.2) elde edilebilmektedir.
- Radyosonda gözlemleri GNSS teknolojisine göre daha maliyetlidir.

PWV değerleri radyosonda gözlemleri ile sadece düşey profil (zenit doğrultusu) olarak elde edilebilirken GNSS teknolojisi ile zenit gecikmeleri kullanılarak düşey profil boyunca ve GPS Tomografisi yöntemiyle eğik gecikmeler de hesaba katılarak voxeller yardımıyla (Şekil 1.3) 3 boyutlu olarak da elde edilebilmektedir. Her bir radyosonda istasyonunda uygun hava şartları olması koşuluyla günde sadece iki defa PWV değerleri elde edilirken GNSS teknolojisi kullanılan her istasyonda 15 dakikalık çözünürlükle ZTD ve PWV değerleri elde edilebilmektedir. GNSS teknolojisi ile elde edilen verilerin güvenirliği MGM'nin tarafımızdan elde edilmiş verileri kullanmak istemesi ile de kanıtlanmıştır. Radyosonda balonu fırlatılamayan günler için (yoğun hava şartları) istenilen veriler Şekil 4.6 ve 4.7'de görüldüğü gibi olup, verileri ait istatistiksel analiz Çizelge 4.2 ve 4.3'te açıklanmıştır. GPS sinyalleri ile elde edilen zenit gecikmelerinden yararlanılarak kestirilen PWV değerlerinin doğruluğunu Dünya çapında referans olarak kabul edilen radyosonda balonları ile yapılmaktadır. Ancak radyosonda ile elde edilen yoğuşabilir su buharı miktarının da doğruluk ölçütleri bulunmaktadır. Radyosonda üzerinde bulunan sensörlerin doğrulukları teknoloji ile devamlı değişmektedir. Aynı zamanda PWV değerlerinin hesaplanması içinde bir hata aralığı bulunmaktadır. Buna örnek olarak Liu vd. (2000) yaptıkları çalışmalarda Hong Kong bölgesinde 40 günlük radyosonda verileri incelemiştir. Bu çalışmalarda sensörlerin ölçüm hataları ±1,2 mm olarak ve PWV hesaplamalarının hatası ±0,5 mm olarak bulunmuştur (Liu, vd. 2000). Dolayısı ile bir radyosonda ile ölçülen ve hesaplanan PWV değerinin hatası ±1,3 olarak literatürde bulunmaktadır. Türkiye de ise bu hesaplama doğruluğunun ±0,5 mm'den küçük olduğu uzmanlar tarafından söylenmektedir (İsmail Mert, Kişisel görüşme, 2015)

Algoritmanın ve T_m modelinin (Deniz ve Mekik, 2013) Türkiye'de bulunan sekiz radyosonda istasyonundan altı tanesi kullanılarak hesaplanmıştır. Bir sonraki adımda Adana (17351) ve Isparta (17240) radyosonda istasyonlarından elde edilen veriler de kullanılarak algoritma geliştirilecektir. Algoritma ve T_m modeli tamamlanmasının ardından bu çalışma kapsamında elde edilen sonuçların gelişmesi beklenmektedir. T_m modelinin, tüm Türkiye çapında ki GNSS istasyonlarından alınan veriler kullanılarak elde edilen troposferik gecikme değerleri üzerinde kullanılması modelin etkinliğini ve başarısının görülmesini sağlayacaktır. Bu amaçla uygun ağ geometrisi ile seçilecek istasyonlar yardımıyla tekrar değerlendirmeler yapılmalıdır. Buna ek olarak Türkiye genelinde referans olarak kabul edilen radyosonda değerlerinin de bir hassasiyeti olduğu bilinmektedir. GNSS teknolojisi kullanılarak elde edilen PWV değerlerinin doğruluğunu yalnızca radyosonda ile değil Geomatik Mühendisliği bünyesinde kullanılan diğer atmosferik kestirim yapabilen yöntemlerle de karşılaştırılmalıdır.

KAYNAKLAR

Angell J (2000) Global, hemispheric, and zonal temperature deviations derived from radiosonde records. *Trends Online: A compendium of data on global change*.

Askne J and H Nordius (1987) Estimation of Tropospheric Delay for Microwaves from Surface Weather Data. *Radio Sci.,* 22(3): 379-386.

Baby H B, P Gole and 1 Lavergnat (1988) A model for the tropospheric excess path length of radio waves from surface meteorological measurements. *Radio Sci.*, Vol. 23, No.6, pp. 1023-1038.

Bender M and A Raabe (2007) Preconditions to ground based GPS water vapour tomography. *Ann. Geophys.*, 25(8): 1727-1734.

Beutler G, Bauersima I, Gurtner W, Rothacher M, Schildknecht T and Geiger A (1987) Atmospheric refraction and other important biases in GPS carrier phase observations. *Mitt. Satell.-Beobachtungsstn*. Zimmerwald, Nr. 22, 26 pp. 22.

Bevis M, Businger S, Herring T A, Rocken C, Anthes R A and Ware R H (1992) GPS meteorology: remote sensing of atmospheric water vapor using the global positioning system. *J. Geophys. Res.,* 97, (D14): 15,787-715,801.

Bevis M, Businger S, Chris S, Well T, Herring A, Anthes R A, Rocken C and Ware R H (1994) GPS meteorology: Mapping zenith wet delays onto precipitable water. *J. App. Meteorol.*, Vol. 33, No.3, pp. 379-386.

Black H D (1978) An easily implemented algorithm for the tropospheric range correction *J. Geophys. Res.*, Vol. 83, No. B4, pp. 1825-1828.

Black H D and Eisner A (1984) Correcting satellite Doppler data for tropospheric effects. *J. Geophys. Res.*, Vol. 89, No. D2, pp. 2616-2626.

Boehm J and Schuh H (2004) Vienna mapping functions in VLBI analyses. *Geophys. Res. Lett.,* 31(1): L01603 01601-01604.

Boehm J, Niell A, Tregoning P and Schuh H (2006) The Global Mapping Function (GMF) A New Empirical Mapping Function Based on Numerical Weather Model Data. *Geophys. Res. Lett.*, Cilt: 33.

Boehm J, Heinkelmann R and Schuh H (2007) Short Note: A Global Model of Pressure and Temperature for Geodetic Applications, *J. Geod.*, Cilt: 81, Sayı: 10, 679-683.

Boehm J and Schuh H (2007) Troposphere Gradients from the ECMWF in VLBI Analysis. *J. Geod.*, Cilt: 81, Sayı: 6-8, 403-408.

Braun J and Rocken C (2003) Water vapor tomography within the planetary boundary layer using GPS. *International Workshop on GPS Meteorology*, Tsukuba, Japan.

Champollion C, Masson F, Bouin M N, Walpersdorf A, Doerflinger E, Bock O and Van Baelen J (2005) GPS water vapour tomography: preliminary results from the ESCOMPTE field experiment. *Atmos. Res.*, 74(1-4): 253-274.

KAYNAKLAR (devam ediyor)

Choy S, Zhang K, Wang C S, Li Y and Kuleshov Y (2011) Remote sensing of the earth's lower atmosphere during severe weather events using GPS technology: A study in Victoria, Australia.

Dach R, Hugentobler U, Fridez P and Meindl M (2007) User Manual of the Bernese GPS Software, Version 5.0, *Astronomical Institute*, University of Bern.

Davis J L, Herring T A, Shapiro I I, Rogers A E E and Elgered G (1985) Geodesy by Radio Interferometry: Effects of Atmospheric Modeling Errors on Estimates of Baseline Length. *Radio Sci.*, 20(6): 1593-1607.

Elgered G, Davis J L, Herring T A and Shapiro I I (1991) Geodesy by radio interferometry: water vapor radiometry for estimation of the wet delay. *J. Geophys. Res.*, 96(B4): 6541-6555.

Elgered G, Johansson J M, Ronnang B and Davis J L (1997) Measuring regional atmospheric water vapor using the Swedish permanent GPS network. *Geophys. Res. Lett.*, Vol. 24, No. 21, pp. 2663-2666.

Elliott W P and Gaffen D J (1991) On the utility of radiosonde humidity archives for climate studies. *Bull. Am. Meteorol. Soc.*, 72:1507–1519.

Erkan Y, Aktuğ B, Lenk O, Parmaksız E, Mert İ ve Bacanlı H (2011) Tusaga-Aktif (CORS-TR) Sistemi ve Atmosferik Çalışmalara Ait Ön Sonuçlar, Prof. Dr. Onur Gürkan'ın Jeodezi 'ye Katkıları, *Türkiye Ulusal Jeodezi Komisyonu (TUJK) - Sabit GNSS İstasyonları Ağı ve Analizi.*

Fernandes M J, Lazaro C, Nunes A L, Pires N, Bastos L and Mendes V B (2010) GNSS-Derived Path Delay: An Approach to Compute the Wet Tropospheric Correction for Coastal Altimetry. *IEEE Geosci. R. Sens. Lett.*, 7(3): 596-600.

Fernandes M J, Pires N, Lázaro C and Nunes A L (2013) Tropospheric delays from GNSS for application in coastal altimetry. *Adv. Space Res.*, 51(8): 1352-1368.

Flores A, Gradinarsky L P, Elosegui P, Elgered G, Davis J L and Rius A (2000) Sensing atmospheric structure: Tropospheric tomographic results of the small-scale GPS campaign at the Onsala Space Observatory. *Earth Planets Space,* 52(11): 941-945.

Flores A, Ruffini G and Rius A (2000) 4D tropospheric tomography using GPS slant wet delays. *Ann. Geophys-Atm. Hydr. Sci.*, 18(2): 223-234.

Foelsche U and Kirchengast G (2001) Tropospheric water vapor imaging by combination of ground-based and spaceborne GNSS sounding data. *J. Geophys. Res. Atm.*, 106(D21): 27221-27231.

Foster J, Bevis M and Raymond W (2006) Precipitable water and the lognormal distribution. *J. Geophys. Res.*, Cilt: 111, D15102, 11.

Goad C C and Goodman L (1974) A modified Hopfield tropospheric refraction correction model. *Paper presented at the AGU Fall Annual Meeting*, 12, 17 December, San Francisco, Calif.

KAYNAKLAR (devam ediyor)

Gossard E E, Gutman S, Stankov B B and Wolfe D E (1999) Profiles of radio refractive index and humidity derived from radar wind profilers and the Global Positioning System. *Radio Sci.*, 34(2): 371-383.

Gossard E E, Wolfe D E and Stankov B B (1999) Measurement of humidity profiles in the atmosphere by the global positioning system and radar wind profilers. *J. Atmos. Ocean. Tech.*, 16(1): 156-164.

Gradinarsky L and Jarlemark P (2002) GPS tomography using the permanent network in Göteborg: Simulations. *Position Location and Navigation Symposium*, pp. 128-133, doi: 10.1109/PLANS.2002.998899.

Gradinarsky L P and Jarlemark P (2004) Ground-based GPS tomography of water vapor: Analysis of simulated and real data. *J. Meteorol. Soc. Japan,* 82(1B): 551-560.

Guerova G, Bettems J M, Brockmann E and Matzler Ch (2004) Assimilation of the GPS-derived Integrated Water Vapor (IWV) in the MeteoSwiss Numerical Weather Prediction model – a first experiment. *Phys. Chem. Earth,* 29: 2–3, 177–186.

Guerova G, Brockmann E, Schubiger F, Morland J and Matzler C (2005) An integrated assessment of measured and modeled IWV in Switzerland for the period 2001–2003. *J. App. Meteorol.*

Haase J, Ge M, Vedel H and Calais E (2003) Accuracy and variability of GPS tropospheric delay measurements of water vapor in the western mediterranean. *J. App. Meteorol.,* 42: 1547–1568.

Hagemann S, Bengtsson L and Gendt G (2003) On the determination of atmospheric water vapor from GPS measurements. *J. Geophys. Res.*, 108 (D21). ISSN 0148-0227 doi: 10.1029/2002JD003235.

Hartmann G K (1993) The determination of tropospheric conditions (especially H20) affecting the accuracy of position measurements. *In Environmental Effects on Spacecraft Positioning and Trajectories*. Ed. A. Vallance Jones, International Union of Geodesy and Geophysics and the American Geophysical Union, Washington, D.C., Geophysical Monograph 73, IUGG Volume 13, pp. 73-82.

Hartmann G K and Leitinger R (1984) Range errors due to ionospheric and tropospheric effects for signal frequencies above 100 MHz. *Bull. Geod.*, Vol. 58, pp. 109-136.

Hatanaka Y, Sengoku A, Sato T, Johnson J M, Rocken C and Meertens C (2001) Detection of tidal loading signal from GPS permanent array of GSI Japan. *J. Geod. Soc.* Japan, 47,187–192.

Herring T A (1988) VLBI studies of the nutations of the earth in the impact of VLBI on astrophysics and geophysics, *Eds. M.J. Reid, and IM. Moran. Kluwer Academic Publishers*, Dordrecht.

KAYNAKLAR (devam ediyor)

Herring T A (1992) Modeling atmospheric delays in the analysis of space geodetic data. *Proceedings of Symposium on Refraction of Transatmospheric Signals in Geodesy*, J.C. de Munck and T.ATh. Spoelstra (Eds.), The Netherlands, 19-22 May, Netherlands Geodetic Commission, Publications on Geodesy, Delft, The Netherlands, No. 36, New Series, pp. 157-164.

Herring T A and Pearlman M R (1993) Future developments and synergism of space geodetic measurement techniques. *In Contributions of Space Geodesy to Geodynamics: Technology*, Eds. D.E. Smith, and D.L. Turcotte. American Geophysical Union, Washington, D.C., Geodynamics Series, Vol. 25, pp. 21-25.

Herring T A, King R W and McClusky S C (2006) GAMIT Reference Manual, *Department of Earth, Atmospheric, and Planetary Sciences*, Massachusetts Institute of Technology.

Hirahara K (2000) Local GPS tropospheric tomography. *Earth Planets Space*, 52(11): 935-939.

Hofmann B, Lichtenegger H and Collins J (1997) GPS theory and practice, *Springer-Verlag*, Vienna.

Hopfield H S (1969) Two-quartic tropospheric refractivity profile for correcting satellite data. *J. Geophys. Res.*, Vol. 74, No. 18, pp. 4487-4499.

Hopfield H S (1971) Tropospheric effect on electromagnetically measured range: Prediction from surface weather data. *Radio Sci.*, Vol. 6, No.3, pp. 357-367.

Ifadis I (1986) The atmospheric delay of radio waves: Modeling the elevation dependence on a global scale. *Technical Report No. 38L*, School of Electrical and Computer Engineering, Chalmers University of Technology, Goteborg.

Ifadis 1 (1993) Space to earth techniques: some considerations on the zenith wet path delay parameters. *Surv. Rev.*, Vol. 32, No. 249, pp. 130-144.

Janes H W, Langley B R and Newby S B (1991) Analysis of tropospheric delay prediction models: Comparisons with ray-tracing and implications for GPS relative positioning. *Bull. Geodes.*, Vol. 65, No.3, pp. 151-161.

Jin S, Luo O F and Cho J (2009) Systematic errors between VLBI and GPS precipitable water vapor estimations from 5-year co-located measurements. *J. Atmos. Sol-Ter. Phys.*, 71(2): 264-272.

Kelly R E, Chang A T, Tsangand L and Foster J L (2003) A prototype AMSR-E global snow area and snow depth algorithm. *IEEE Trans. Geosci. Remote Sens.*, 41, 230 – 242.

Lanyi G (1984) Tropospheric delay effects in radio interferometry. *The Telecommunications and Data Acquisition Progress Report 42-78*, Jet Propulsion Laboratory, Pasadena, Calif., pp. 152-159.

Liou Y A, Teng Y T, Van Hove T and Liljegren J C (2001) Comparison of precipitable water observations in the near tropics by GPS, microwave radiometer, and radiosondes. *J. Appl. Meteo.*, 40(1): 5-15.

KAYNAKLAR (devam ediyor)

Lutz S L (2008) High-resolution GPS tomography in view of hydrological hazard assessment, *Diss*, Eidgenössische Technische Hochschule ETH Zürich, Nr. 17675.

MacMillan D S (1995) Atmospheric gradients from verylong baseline interferometry observations. *Geophys. Res. Lett.*, Vol. 22, No; 9, pp. 1041-1044.

Marini J W (1972) Correction of satellite tracking data for an arbitrary tropospheric profile. *Radio Sci.*, February, Vol. 7, No. 2, pp. 223-231.

Masunaga H, Nakajima, T Y, Nakajima T, Kachi M and Suzuki K (2002) Physical properties of maritime low clouds as retrieved by combined use of Tropical Rainfall Measuring Mission (TRMM) Microwave Imager and Visible/Infrared Scanner 2. Climatology of warm clouds and rain. *J. Geophys. Res.*, 107: doi: 10.1029/2001JD001269. issn: 0148-0227.

McLinden C A, Haley C S, Lloyd N D, Hendrick F, Rozanov A, Sinnhuber B-M, Goutail F, Degenstein D A, Llewellyn E J and Sioris C E (2010) Odin/OSIRIS observations of stratospheric BrO: Retrieval methodology, climatology, and inferred Br_y. *J. Geophysl. Res. Atmos.*, 115:15308.

Mekik Ç (1999) GPS'e Atmosferin Etkileri. *Harita ve Kadastro Mühendisleri Odası Dergisi*, Sayı: 86, Syf:14-20.

Melbourne W G, Davis E S, Duncan C B, Hajj G A, Hardy K R, Kursinski E R, Meehan T K, Young L E and Yunck T P (1994) The application of space borne GPS to atmospheric limb sounding and global change monitoring. *JPL Publication 94-18*, National Aeronautics and Space Administration and Jet Propulsion Laboratory, California Institute of Technology, Pasadena, CA, 147 pp.

Mendes V B and Langley R B (1994) A Comprehensive Analysis of Mapping Functions Used in Modeling Tropospheric Propagation Delay in Space Geodetic Data, *International Symposium on Kinematic Systems in Geodesy*, Geomatics and Navigation, Banff, Canada.

Mendes V B and Langley R B (1998) Optimization of Tropospheric Delay Mapping Function Performance for High Precision Geodetic Applications, *Proceedings of DORIS Days*, Toulouse, France.

Mendes V B (1999) Modeling the neutral-atmospheric propagation delay in radiometric space techniques, *PhD. Thesis*, Department of Geodesy and Geomatics Engineering, University of New Brunswick.

Mendes V B and Langley R B (2002) Revised refractive index formulae and their effect in zenith delay prediction and estimation, *GPS for Predictions of Weather and Atmospheric Effects at IEEE PLANS 2002*, Palm Springs, California, USA.

Mendes V B, Prates G, Pavlis E C, Pavlis D E and Langley R B (2002) Improved Mapping Functions for Atmospheric Refraction Correction in SLR, *Geophys. Res. Lett.*, 29.Cilt, 10, 53-1 - 53-4, 2002b.

KAYNAKLAR (devam ediyor)

Mendes V B and Pavlis E C (2002) Atmospheric Refraction at Optical Wavelengths: Problems and Solutions, *13th International Laser Ranging Workshop*, 7-11 Ekim 2002 , Washington, D.C., ABD.

Miidla P, Rannat K and Uba P (2008) Simulated studies of water vapour tomography. *WSEAS Transactions on Environment and Development,* 4(3): 181-190.

Miidla P, K Rannat and P Uba (2009) A mathematical model of troposphere water vapor tomography.

Moffett J B (1973) Program requirements for two-minute integrated Doppler satellite navigation solution. *Technical Memorandum TG 819-1*, The Johns Hopkins University, Applied Physics Laboratory, Silver Spring, Md.

Nafisi V, Madzak M, Böhm J, Ardalan A A and Schuh H (2012) Ray-traced tropospheric delays in VLBI analysis. *Radio Sci.*, 47(2).

Nicholson N, Skone S, Cannon M, Lachapelle G and Luo N (2005) Regional tropospheric tomography based on real-time double difference observables. *Proceedings of ION GNSS 2005,* 269-280.

Niell A B (1996) Global mapping functions for. The atmosphere delay at radio wavelengths. *J. Geophys. Res.*, Vol. 101, No. B2, pp. 3227-"3246.

Niell A E (2000) Improved atmospheric mapping functions for VLBI and GPS. *Earth, Planets Space*, 52(10): 699-702.

Ning T, Haas R, Elgered G and Willén U (2012) Multi-technique comparisons of 10 years of wet delay estimates on the West coast of Sweden. *J. Geod.,* 86 (7), 565E575, doi: 10.1007/s00190E011E0527E2.

Ning T, Elgered G, Willen U and Johansson (2013) Evaluation of the atmospheric water vapor content in a regional climate model using ground-based GPS measurements. *J. Geophys. Res. Atmos. Col.* 118, 329-339, doi: 10.1029/ 2012JD018053.

Ohtani R and Naito I (2000) Comparisons of GPS-derived precipitable water vapors with radiosonde observations in Japan. *J. Geophys. Res.,* 105, doi: 10.1029/2000JD900362. ISSN: 0148-0227.

Özlüdemir M T (2004) The Stochastic Modelling of GPS Observations. *Turkish J. Eng. Env. Sci*, Tubitak, 28 (2004) , 223 – 231.

Özdemir S, Gürdal M A, Cingöz A, Mert I, Buyruk T, Erkan Y, Atalar K, Aysezen M Ş, Lenk O ve Aktuğ B (2007) Regional testing of weighted-mean temperature predictions and its effect on Gps-derived precipitible water estimates, Monitoring and Modeling of the Ionosphere and Troposhere Proceedings, *Turkish National Geodetic Commission Scientific Meeting (TUJK).*

KAYNAKLAR (devam ediyor)

Pacione R, Sciarretta C, Vespe F, Faccani C, Ferretti R, Fionda E, Ferraro C and Nardi A (2001) GPS meteorology: Validationcand comparisons with ground-based microwave radiometer and mesoscale model for the Italian GPS permanent stations. *Phys. Chem. Earth*, 26A, 139–145.

Pacione R and Vespe F (2008) Comparative studies for the assessment of the quality of near-real-time GPS-derived atmospheric parameters. *J. Atmos. Ocean. Techn.,* 25:701–714.

Pacione R, Pace B, Vedel H, de Haan S, Lanotte R and Vespe (2011) Combination methods of tropospheric time series. *Adv. Space Res.,* 47:323–335.

Park C, Roth K and Cho J (2012) Radiosonde Sensors Bias in Precipitable Water Vapor from Comparisons with Global Positioning System Measurements. *J. Astron. Space Sci.*, 29(3), 295-303.

Penna N T and Stewart M P (2003) Aliased tidal signatures in continuous GPS height time series. *Geophys. Res. Lett.*, 30(23), 2184, doi: 10.1029/2003GL018828.

Ponte R M and Ray R D (2002) Atmospheric pressure corrections in geodesy and oceanography: A strategy for handling air tides. *Geophys. Res. Lett.*, Vol. 29, doi: 10.1029/2002GL016340.

Prabhakara C, R S Fraser, G Dalu, M L C Wu, R J Curran and Styles T (1988) Thin cirrus clouds: Seasonal distribution over oceans deduced from Nimbus-4 IRIS. *J. Appl. Meteor.*, 27, 379-399.

Rahnemoon M (1988) Ein neues Korrekturmodell für Mikrowellen Entfernungsmessungen zu Satelliten. Dr.-Ing. Dissertation, Bayerischen Akademie der Wissenschaften, *Deutsche Geodatische Kommission*, Reihe C, Heft Nr. 335, Munchen.

Reverdy M, J Van Baelen, A Walpersdorf and Boudevillain B (2008) GPS Tomography and radar reflectivity reconstruction fast algorithm.

Rind D, E-W Chiou, W Chu, S Oltmans, J Lerner, J Larsen, M P McCormick and McMaster L (1993) Overview of the Stratospheric Aerosol and Gas Experiment II water vapor observations: Method, validation, and data characteristics. *J. Geophys. Res.*, 98, 4835-4856, doi: 10.1029/92JD01174.

Rózsa Sz, Dombai F, Németh P and Ablonczy D (2007) Estimation of integrated water vapour from GPS observations (in Hungarian). *Geomatikai Közlemények*, 12(1), 187–196.

Saastamoinen J (1972) Atmospheric correction for the troposphere and stratosphere in radio ranging of satellites, In: The Use of Artificial Satellites for Geodesy in Geodesy, *Geophys. Monogr*. Ses., vol. 15.

Santerre R (1987) Modification to the Goad and Goodman tropospheric refraction model. *Unpublished internal report of the Department of the Surveying Engineering*, University of New Brunswick, Fredericton, New Brunswick, Canada.

Scherneck H G (1991) A parameterized solid tide model and ocean tide loading effects for global geodetic baseline measurements. *Geophys. J. Int.*, 106.677–694.

Scherneck H G, Johansson J M, Koivula H, van Dam T and Davis J L (2003) Vertical crustal motion observed in the BIFROST Project. *J. Geodyn.*, 35, 425 – 441.

Serafini J, J P Barriot, M Hopuare, L Sichoix and Fadil A (2012) Modeling of tropospheric integrated water vapor content using GPS, radiosonde, radiometer, rain gauge and surface meteorological data in a tropical region (French Polynesia).

Shoji Y, Nakamura H, Iwabuchi T, Aonashi K, Seko H, Mishima K, Itagaki A, Ichikawa R and Ohtani R (2004) Tsukuba GPS dense net campaign observation: improvement in GPS analysis of slant path delay by stacking one-way post fit phase residuals. *J. Meteor. Soc.* Japan, 82, 301-314.

Sierk B (2001) Solar spectrometry for determination of tropospheric water vapor.

Stankov B B, Wastwater E R and Gossard E E (1996) Use of Wind Profiler Estimates of Significant Moisture Gradients to Improve Humidity Profile Retrieval. *J. Atmos. Ocean. Tech.*, Cilt: 13, Sayı: 6, 1285-1290.

Starr D O'C and Melfi S H (1991) The role of water vapor in climate: A strategic plan for the proposed GEWEX water vapor project (GVaP). *NASA Conf. Publ.* 3120, 50 pp.

Stewart M P, Penna N T and Lichti D D (2005) Investigating the propagation mechanism of unmodelled systematic errors on coordinate time series estimated using least squares. *J. Geod.*, 79, doi: 10.1007/ s00190-005-0478-6.

Susskind J, Rothenfield J, Reuter D and Chahine M T (1984) Remote sensing of weather and climate parameters from HIRS2/MSU on TIROS-N. *J. Geophys. Res.,* 89, doi: 10.1029/JD089iD03p04677. issn: 0148-0227.

Teunissen P J G and Kleusberg A (1998) GPS for Geodesy, ISBN 3-540-63661-7, ed. *Springer-Verlag* Berlin Heidelberg New York.

Thayer G D (1974) Improved Equation for the Radio Refractive Index of Air. *Radio Sci.,* 9(10): 803-807.

Tregoning P, Boers R, O'Brien D and Hendy M (1998) Accuracy of absolute precipitable water vapor estimates from Gps estimates. *J. Geophys. Res.*, Cilt: 103, Sayı: D22, 28,701-28,710.

Tregoning P and van Dam T (2005) Atmospheric pressure loading corrections applied to GPS data at the observation level. *Geophys. Res. Lett.,* Vol. 32, L22310, doi: 10.1029/2005GL024104.

Troller M (2004) GPS based determination of the integrated and spatially distributed water vapor in the troposphere. *PhD. Thesis.* Swiss Federal Institute of Technology, Zurich.

Troller M, Geiger A, Brockmann E, Bettems J M, Bürki B and Kahle H G (2006) Tomographic determination of the spatial distribution of water vapor using GPS observations. *Adv. Space Res.,* 37(12): 2211-2217.

KAYNAKLAR (devam ediyor)

Van Baelen J, Aubagnac P and Dabas A (2005) Comparison of near real-time estimates of integrated water vapour derived with GPS, radiosondes, and microwave radiometer. *J. Atmos. Ocean. Tech.*, 22: 201 – 210.

Van Dam T M and Herring T A (1994) Detection of atmospheric pressure loading using very long baseline interferometry measurements. *J. Geophys. Res.*, 99, 4505 – 4518.

Van Dam T, Whar J, Milly P C D, Shmakin A B, Blewitt G, Lavalle'e D and Larson K M (2001) Crustal displacements due to continental water loading. *Geophys. Res. Lett.*, 28,651–654.

Vedel H and Huang X Y (2004) Impact of ground based GPS data on numerical weather prediction. *J. Meteorol. Soc. Japan,* 82 (1B), 459–472.

Vedel H, Mogensen K and Huang X Y (2001) Calculation of delays from meteorological data, comparison of NWP model and observed delays. *Phys. Chem. Earth.,* 26, 497–502.

Weber R and Karabatic A (2009) Potential improvements in GNSS based troposphere monitoring by use of upcoming Galileo signals. *Proceedings of COSPAR Colloquium: Scientific and Fundamental Aspects of the Galileo Program*, Padua, Italy.

Wielgosz P, Paziewski J, Krankowski A, Kroszczynski K and Figurski M (2011) Results of the application of tropospheric corrections from different troposphere models for precise GPS rapid static positioning. *Acta Geophys.*, 60(4):1236–1257. doi: 10.2478/ s11600-011-0078-1.

Wielgosz P, Paziewski J and Baryła R (2011) On constraining zenith tropospheric delays in processing of local GPS networks with Bernese software. *Surv. Rev.*, 43(323):472–483. doi: 10.1179/003962611X 13117748891877.

Wielgosz P, Cellmer S, Rzepecka Z, Paziewski J and Grejner-Brzezinska D (2011) Troposphere modeling for precise GPS rapid static positioning in mountainous areas. *Meas. Sci. Tech.*, 22, doi:10.1088/0957-0233/22/4/045101.

Xie Y F, Braun J, MacDonald A E and Ware R (2005) GPS slant water vapor tomography. *Bull. Am. Meteorol. Soc.,* 86(5): 627-628.

Yunck T P and Hajj G A (2005) Atmospheric and ocean sensing with GNSS. *Earth Observation with Champ: Results from Three Years Orbit*, 421-430.

Zerbini S, Matonti F, Raicich F, Richter B and van Dam T (2004) Observing and assessing non-tidal ocean loading using ocean, continuous GPS and gravity data in the Adriatic area. *Geophys. Res. Lett.*, 31, L23609, doi: 10.1029/2004GL021185.

FSC
www.fsc.org
MIX
Papier | Fördert
gute Waldnutzung
FSC® C083411

Kolibri 360 GmbH
Ferdinand-Jühlke-Straße 7
99095 Erfurt, Deutschland
produktsicherheit@kolibri360.de

Druck:
CPI Druckdienstleistungen GmbH
im Auftrag der
Kolibri 360 GmbH
Ferdinand-Jühlke-Str. 7
99095 Erfurt